Ulla Lachauer

Der Garten meines Lebens

Mit Fotografien von Bigi Möhrle

Ulla Lachauer

Der Garten meines Lebens

Die Geschichte der Sesterhof-Bäuerin

Inhalt

Von Kindheit an

Wie Agnes Sester
mit und in dem Garten
gross wurde

Der Garten – Freude und Arbeit zugleich

In das kleine Tal zu Füßen des Schwarzwalds fallen die ersten Sonnenstrahlen auf die Spitzen der Stockrosen, die alles andere überragen, wandern dann von Blüte zu Blüte und bringen das Rosa, das samtige Weiß und das Blutrot der Blütenkelche, auf denen der Tau glitzert, zum Leuchten. Bald fällt Licht aufs Gewächshaus. Dann auf den Zaun und alles, was ihn im Juli berankt, die Rosen und allerhand wildwachsende Winden. Die Sonne hat noch nicht die Buchsbaumhecken erreicht, da öffnet sich die Haustür des alten Bauernhofes. Agnes Sester erscheint. Geblendet von der Helligkeit hält sie inne,

Frühmorgens. Agnes ist zeitig im Garten, aber die Übeltäter sind noch früher dran und machen ihre Runde.

blinzelt, atmet genüsslich die milde Luft ein, die Blütendüfte und die würzigen Aromen, die aus dem nahen Kuhstall über den Garten wehen, Milch und Heu und frischer Mist. Sie wirft Momo, der Katze, einen Blick zu und – stürmt los. Stürmen ist vielleicht nicht ganz das richtige Wort. Gestützt auf ihre Krücke humpelt sie, so schnell es eben geht, aufs Gartentor zu, wie eine, die früher mal äußerst flink war und es immer noch sein will. Im Nu ist die Tür entriegelt und von innen wieder verriegelt, damit Sammy, der Hofhund, nicht folgt.

> *„Ich bin do so niigwachse. Blueme, Gmies. Alles war do, alles war scheen. Mini erschd Erbet war, so mit vier, fünf Johr: Wegli hacke. Des hab ich nit gern gmocht."*

FRÜHPATROUILLE

*M*orgens muss als erstes der Garten inspiziert werden. Was ist zu tun? Stockrosen hochbinden! Die von Schnecken angefressenen Salatköpfe prüfen! Was ist reif? Johannisbeeren? Erbsen? Hinter dem Klatschmohn eine viel zu dicke Zucchini, die sich tagelang vor den Blicken der Gärtnerin verborgen hat. „Die muess weg!", ruft sie, so laut, dass die Gänse jenseits des Zauns anfangen zu spektakeln. Während Agnes Sester das grüne Ungetüm vom Strunk trennt, entstehen in ihrem Kopf gleich Gerichte für den Mittagstisch. Schon wieder Zucchini-Suppe? Wird die Enkelin maulen. Also lieber Zucchini-Pfannkuchen?

„Alt isch mer, wenn man nimmi schaffe konn!" Ihr Lieblingssatz seit einigen Jahren. Man kann ihr nur zustimmen, wenn man so sieht, wie sie energisch mit der Krücke einen toten Ast abschlägt.

Nach vier Buben — zwei davon waren gestorben, einer gleich nach der Geburt, notgetauft auf den Namen Anton, und ein tot geborener Bub, der namenlos blieb, ist nun endlich ein Mädchen geboren: eine Agnes, quicklebendig! Sie wird auf der Welt so herzlich warm willkommen geheißen, das hat ihr Leben ganz sicher positiv beeinflusst. Das Bild des jubilierenden stolzen Vaters, der sein Glück überall hinaus posaunte, ist in ihr.

Agnes Sester (links) im 87. Sommer. Mit vier Jahren, links neben der Mutter, daneben die Geschwister Lioba, Alfons und Gerhard.

Er bricht, fällt zu Boden – und sie steht freihändig da, taumelt leicht und steht. Siebenundachtzig wird sie in diesem Juli. Ihr Arbeitstag dauert von sechs Uhr früh bis acht Uhr abends, jedenfalls in der Hochsaison, fast ohne Pause. „Mittagsschlof, do hab ich no nit demit ogfonge."

HELL UND DUNKEL IST NAH BEIEINANDER

Alles an ihr ist kraftvoll: der Leib, von einer Kittelschütze fest umschlungen, die blaugeäderten Beine. Die Nase und die Falte an der Wurzel. Der zum Lachen bereite Mund. Das weiße, kurzgeschnittene Haar, gerade glatt gekämmt, kringelt es sich in der feuchten Morgenluft. Auch die Stimme von Agnes Sester strahlt Energie aus. „Uf die hoch Leider schtieg ich nimmi." Wieder so ein Satz. „Ledschd Johr wäre faschd nunderg'falle." Ihre Augen sind plötzlich schmal, das Blau der Iris erscheint ein wenig dunkler.

Vitalität ist ein Geschenk des Himmels. Ob sie angeboren ist oder mehr den Umständen zu verdanken, letztlich bleibt sie geheimnisvoll.

Aus den Tagen nach der Geburt der kleinen Agnes am 19. Juli 1926 gibt es eine Geschichte, die immer wieder in der Familie erzählt wurde: Ihr Vater, der Bauer Georg Wußler, hat damals den „Benne Wägele" – hochdeutsch „Berner Wagen", die Sonntagskutsche – angespannt und ist mit der neugeborenen Tochter durchs Dorf gefahren. Zum Rathaus und durch ganz Reichenbach ist Agnes' Vater mit der Sonntagskutsche gefahren, und hat sie allen gezeigt, verrückt vor Freude, dass endlich ein Mädchen geboren wurde.

Bald danach, mit dreiunddreißig Jahren, starb Georg Wußler. Bei Schneeregen hatte er viele Stunden auf dem Schweinemarkt gestanden und sich dabei eine Lungenentzündung geholt. Agnes war noch keine zwei Jahre alt, Mutter Adelheid wieder schwanger, mit Lioba. „Hell un dunkel" erzählt Agnes Sester, „des isch in minem Lebe noh bienander."

Wegli hacke

Sie sitzt an ihrem Lieblingsplatz: in der Gartenlaube, im Rücken das duftende Geißblatt. In diesem Sommer wird Agnes Sester viel erzählen – vom Leben und vom Gärtnern. Lebensgarten, Gartenleben, eins verwoben mit dem anderen, von Kindheit an war das so.

Anderthalb Kilometer Luftlinie von hier ist ihr Elternhaus entfernt: ein großer Hof am Eingang des Reichenbacher Tals. Sechsundzwanzig Hektar, nicht wenig damals, Wiesen und Wald, Acker und ein wenig Rebland. Er war der Stammsitz der Brüderles, einer im Dorf hoch angesehenen Familie, in die Georg Wußler eingeheiratet hatte. Agnes' Großvater war dreiunddreißig Jahre lang Bürgermeister gewesen. In ihrer Kindheit war er das gestrenge Oberhaupt der Familie und aller, die zur Landwirtschaft gehörten, der Knechte und Mägde, Tagelöhner, Saisonarbeiter. Zu Agnes und ihren drei Geschwistern war er aber eher milde, entgegen seiner Gewohnheit äußerst großzügig. Sie erinnert sich, dass er oft eine Tüte mit Brezeln vom Bäcker mitbrachte. Ein Luxus! Und Eis, das erste Eis ihres Lebens.

Die Kapelle am Rande des elterlichen Hofes.

Fast alles Lebensnotwendige wurde auf dem Hof hergestellt, nicht nur das Essen, auch die Kleider oder die neue Scheune. Eine Frau musste nähen und gärtnern, ein Mann schreinern und die marode Stallwand reparieren können, und tausend andere Dinge mehr. So eine Wirtschaft verlangte eine enorme Vielseitigkeit, für Kinder wie Agnes gab es daher immer etwas Interessantes zum Zuschauen und, wenn sie älter wurden, auch zum Mitmachen. Aber zunächst einmal

Der Hof ist seit sechzig Jahren die Heimat von Agnes Sester.
Kühe hat es dort immer schon gegeben.

robbte sie durch den Garten, gut geschützt von einem Zaun, der Kühe und Hofhunde, die Pferde bespannten Heuwagen und Holzfuder, die ihr hätten gefährlich werden können, fernhielt. Agnes' erster Garten war eine Kinderstube unter freiem Himmel. Im Gras liegen, Erde in den Mund stecken – alles war schön. Blumen zerzausen, ob Mutters geliebte Margeriten oder den Löwenzahn. Kulturpflanze oder Wildling, für ein Kind ist da kein Unterschied. Oft sah sie Tante Marie zu, der älteren Schwester der Mutter, die mit im Haushalt lebte und den Garten unter sich hatte. Wackelte ihr hinterher, trug schon mal eine faulige Kartoffel zum Komposthaufen, oder zupfte etwas heraus, was die Tante „Unkraut" nannte. Alles war Spiel. Ihre erste Arbeit: „Wegli hacke", das ist eine ihrer frühesten Erinnerungen. Mit fünf, sechs Jahren lernte sie, es gibt Dinge, die man tun muss – oder hassen kann.

Kränzli flechten

Im Garten übrigens wurde nicht gespielt, der war für Freizeitvergnügen tabu. Keine Ballspiele, keine Raufereien, keine verrückten Experimente. Nur die stillen Freuden waren dort zugelassen wie Kränzli flechten, oder im Mai Blumen für den Muttergottesaltar pflücken. Schneeballen mochte sie sehr, die weißen Blütenkugeln, die so intensiv dufteten. Eigentlich heißen diese Blumen Schneeball-Hortensien, und tatsächlich erinnern die üppigen Blütendolden der weißen Sorte an dicke Schneebälle.

Und die Blut-Rose, eine früh blühende wilde Sorte, sie war schon lange im Garten zu Hause.

„Die Blutros isch us China, het d' Mutter verzehlt. China, wo war des? Sie het guet duftet. Im Herbschd hab ich au gern die hoorige, orangefarbigi Hagebutte onglangt."

Jedes der Wußler-Mädchen hatte ein eigenes Beet, ungefähr so groß wie ein Tisch, wo es schalten und walten konnte, wie es wollte. Garten ist Arbeit! Ihren Enkeln kann Agnes Sester diesen Satz kaum noch vermitteln. Einen Garten bewundern, ja. Die Oma in ihrem

Blut-Rose

Rosa moyesii ist die botanische Bezeichnung der Blut-Rose, die auch als Mandarin-Rose oder auch als Rote Büschelrose bezeichnet wird. Es ist eine alte chinesische Wildrose, die nur einmal im Jahr blüht, dann aber üppig und über eine längere Zeit. Bienen lieben die einfach-blühenden Blüten sehr; die Blut-Rose wirkt beinahe wie ein Bienenmagnet. Neben den Blüten sind es auch die flaschenförmigen Hagebutten, die den Strauch so attraktiv machen.

*Links: Zur Erstkommunion bekam man damals
Hortensien geschenkt. Das war etwas ganz besonderes.
Rechts: Agnes in der ersten Klasse. Sie war ein braves
und fleißiges Mädchen und ein bisschen „naseweis".*

Garten besuchen, gern. Mit anfassen? Das tut allenfalls der achtjäh-
rige Ruben, wenn er aus dem saarländischen Homburg zu Besuch
kommt. Eher helfen die Ferienkinder, die im Sommer den Hof
bevölkern. Agnes Sester sieht es gelassen, den Lauf der Zeit könne
man nicht ändern. Sie selbst, sagt sie, habe zu viel arbeiten müssen
als Kind, „viel zu viel".

ETWAS ZU TUN GAB ES IMMER

Dagegen sei die Schule fast wie eine Erholung gewesen. Eine flei-
ßige Schülerin ist sie gewesen, das Lernen fiel ihr leicht. Agnes war
Klassenbeste, die gern Hilfslehrerin spielte, Hefte korrigierte oder,
wenn der Lehrer schon vormittags ins Wirtshaus wollte, auch mal
den Unterricht übernahm. Und während des Schülergottesdienstes
in der Kapelle Harmonium spielte, mit lauter, klarer Stimme das
Evangelium vorlas. Nach dem Unterricht fand sie zu Hause einen
Zettel auf dem Küchentisch vor: eine mehr oder weniger lange Liste,
was alles zu tun war.

$\mathcal{M}$eist war es Agnes, die die Arbeit organisierte, der jüngeren Schwester Lioba und den beiden Tagelöhner-Kindern Lena und Erna die Aufgaben zuwies: „Du gesch in de Henneschdall, du pudsch die schwarze Häfe. Du kiemsch d' Erdepfel fir d' Sei ab un wäsch si, aber suufer. Ihr Große mahle sechs Kerb Dickruebe. Aber moche schnell." Manchmal wurde kräftig gemogelt, beim Kartoffel nachpflanzen zum Beispiel. Statt mühselig den Acker abzulaufen und die fehlenden Stöcke zu ersetzen, kippten die Kinder, auf Agnes' Kommando, den ganzen Korb Kartoffeln in ein großes Loch. Natürlich flog der Schwindel auf. Der Knecht entdeckte die Grube, als er mit dem Häufelpflug durch die Reihen ging.

Nach all dem Tun war Freizeit angesagt. Freizeit, „d' scheenschd Zit". In Agnes Sesters Augen blitzt es. Am liebsten erzählt sie von ihren Streichen: „Do hab ich mol de Katze s' fliege g'lehrt". Von manchen Spielen darf sie nur erzählen, wenn niemand von der Familie zuhört. Die Katz auf den Heuboden tragen, runter werfen, wieder einfangen, wieder runter werfen – unmöglich, diese Agnes.

Oder Hühner besoffen machen mit Schnaps getränktem Brot, Max und Moritz machten es doch auch so. Kunstradfahren konnte sie, den Berg runter und auf dem Sattel stehen.

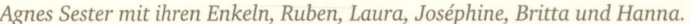

Agnes Sester mit ihren Enkeln, Ruben, Laura, Joséphine, Britta und Hanna.

Kleine Köchin, großer Tisch

„Ich konn koche!", posaunte sie im ersten Schuljahr in die Klasse. „Ich hab e bissli ogeh welle." Dann erklärte sie ihren Mitschülern, wie sie morgens zum Frühstück Brotsuppe zubereitete: Weißbrot mit kochender Milch übergießen, eine Prise Salz, ein Stück Butter und fertig. Nicht viel später konnte sie wirklich kochen. Von der Mutter und Tante Marie, beide Meisterinnen in dieser Disziplin, guckte sie sich vieles ab. Zuarbeiten wie Gemüseputzen, wenn es nicht gerade Erbsen pulen war, fand sie ziemlich langweilig. Sobald man ihr erlaubte, die Gartenfrüchte selbst zu ernten, wurde es interessanter. Größe und Reifezustand prüfen, das braucht Erfahrung, ein scharfes Auge, geschickte Hände. Verarbeiten, haltbar machen, immer mehr Fertigkeiten kamen dazu. Suppenwürze herstellen war eines der ersten Rezepte, das sie beherrschte.

Garten und Küche das gehört einfach zusammen. Getrocknete Erbsenschoten sind eine beliebte Suppenwürze.

Suppengrün im Glas

Je ein Teil Selleriewurzel und Sellerieblatt, dazu Petersilie, Lauch, Möhren, Zwiebeln. Alles durch den Fleischwolf drehen. Auf 500 g Gemüse kommen 250 g Salz. Die Zutaten mischen, in Schraubgläser füllen und im kühlen Keller aufbewahren. Das Suppengrün hält sich sehr lange und gibt Fleisch- und Gemüsesuppen, Salaten und Eintöpfen das Aroma des Gartensommers.

Links: Als Kind hasste sie das Zwiebelschneiden.
Rechts: Tante Kathrin brachte ihr Vieles bei, wenn sie den
Sommerurlaub auf dem Wußler-Hof verbrachte.

Einmal in der Woche war nach dem Unterricht
Kochschule bei einer alten Frau, die sich mit dem
Sparen auskannte. Sie erzählte den Kindern hier
und da vom großen Krieg 1914–18 und dass solche
Hungerzeiten durchaus wiederkommen könnten.
Bei ihr lernte Agnes allerhand Kniffe und Tricks:
wie man Dickrüben für den Menschen schmackhaft
macht, oder Butter mit Mehl zu verlängern. Die Küche des Mangels,
einfache Dinge zum Teil, die sie bis in die Gegenwart mitgeschleppt
hat. Noch heute trocknet sie Erbsenschoten in der Sonne und hebt sie
für den Winter in großen Gläsern auf. Ein, zwei Stück in die Fleisch-
brühe als Maggi-Ersatz, Würze, die nichts kostet.

SPARSAM WIRTSCHAFTEN,
DANN WERDEN VIELE SATT

Agnes hatte eine Tante mütterlicherseits, die Köchin im Hotel
„Schwarzer Adler" in Gengenbach war. Diese Tante Kathrin, die immer
unverheiratet blieb und insgesamt fünfundfünfzig Jahre in besagtem
Gasthaus diente, verbrachte meist ihren Sommerurlaub bei den
Wußlers. In dieser Zeit übernahm sie die Küche. Agnes half ihr und
lernte. Sauerbraten in Apfelmost eingelegt schmeckt ebenso gut wie in
Wein, dieser Luxus ist nicht nötig. Die Tugend des Sparens war auch
ihr wichtig. Aber auch mal aus dem Vollen schöpfen, beides sollte eine
Hausfrau beherrschen, fand Tante Kathrin. Für Festtage zauberte sie
Pasteten, Kalbfleisch farciert, umhüllt von selbstgemachtem Blätter-
teig, was man auf dem Bauernhof sonst nicht kannte.

„Man nehme", hieß es in den ländlichen Rezeptbüchern seinerzeit.
„Ein Dutzend Eier, acht Pfund Kartoffeln", enorme Mengen. Auf
den Bauernhöfen wurde für den großen Tisch gekocht. Die Familie,
meist drei Generationen, sowie das Gesinde – da kamen bei den
Wußlers täglich zwölf Personen zusammen. Dazu Armeleutekinder,
die zu Hause nicht genug zu essen hatten, die Käthe und der Karli.

Der große Tisch – ihr Traum. Sammy, der Berner Sennenhund, ist immer dabei.

Sommers, während der Kirsch-ernernte, wenn viele zusätzliche Helfer gebraucht wurden, reichte der Platz nicht. Essen war auch Geselligkeit. Es wurde geredet, viel getratscht. Übers Wetter, von der Kuh, die gekalbt hat, das Neueste aus der Nachbarschaft wurde kolportiert, oder aus der Pfarrei. Der große Tisch – für Agnes ist er eine prägende Erfahrung, ein Ideal lebenslang.

Unter Hitler, sagt sie, war in den Gesprächen auch die Politik zugegen. Unausgesprochen oder in Form laut vorgetragener Besorgnis der frommen Mutter Adelheid: „Wenn d' Politiker nimmi in d' Kirch gen, nimmts kei guets End." Unter den Erwachsenen wurde damals viel geflüstert, Agnes und Lioba machten große Ohren – und verstanden nichts. Zu gern wären sie damals in den „Bund Deutscher Mädchen" gegangen: Geländespiele, Gruppenabende, in Uniform marschieren. Mutters „Nein" war endgültig, „Ihr were noch de Schuel uf em Hof brucht," hieß es. Das war die Begründung, die auch offiziell akzeptiert wurde. Die Bauern – der „Reichsnährstand" – hatten einfach viel zu tun.

Wunschtraum Gärtnerin

„Wunderschön und unbeschwert" nennt Agnes Sester ihre Kindheit.
Sie endete, als sie dreizehn war, mit Beginn des Krieges, Juni 1939.
Ihre beiden kaum erwachsenen Brüder Gerhard und Alfons wurden
sofort eingezogen. Noch ein Jahr, dann wurde sie aus der Schule
entlassen. An diesem Tag lief die Vierzehnjährige weinend durch
den Sommerwald nach Hause, „dodunglücklich". Weiterlernen? Kam
nicht infrage, sie wurde auf dem Hof gebraucht. Bäuerin zu werden,
konnte sie sich durchaus vorstellen. Noch lieber als das: Gärtnerin.
Doch es war nicht die Zeit für Träume, so viel war Agnes klar.

„Des isch die beschd Supp, wo's git, findet mini Famili. E Supp,
wo alle Heimatgfiel hen – un scheen ussehne duet si au."

Mehr als siebzig Jahre ist das her, eine halbe Ewigkeit. Gestützt auf
ihre Krücke, die Zucchini unter dem anderen Arm, hastet Agnes Sester ins Haus zurück. Ihre Tochter Maria wird gleich mit dem Melken
fertig sein. Frühstückszeit! Nein, sie wird zu Mittag keine Zucchini
kochen, die soll warten. Es wird Baumwollsuppe geben, die mögen
alle gern. Maria und ihr Mann Ernst, Enkelin Britta, zwei Feriengäste
und ein Nachbar – fast ein großer Tisch. Baumwollsuppe, die berühmte à la Tante Kathrin, mit Flocken von Eischnee obendrauf, wie
Baumwoll-Pompons. Merkwürdig, dass dieses Gericht aus simplen,
einheimischen Zutaten vor vielleicht hundert Jahren einen exotischen

Namen bekam. Baumwollfelder
waren damals unendlich weit
weg, niemand hatte sie je gesehen, allenfalls in einem Buch.
Baumwolle und Heidenkinder,
dachte Agnes als Kind, gehören
irgendwie zusammen. Vielleicht
wachsen sie ja im selben Land?

„Hemdenknöpfle" sagt man bei den Sesters.
Eigentlich heißt es Mutterkraut. Agnes mochte
sie schon als Kind.

Baumwollsuppe à la Tante Kathrin

500 g Rindfleisch
2–3 Suppenknochen
1 Bund Suppengrün (Selle-
rie, Lauch, Karotte)
2 Lorbeerblätter
100 g Butter
2 Eier getrennt
Salz, Muskat
2 EL Mehl
2 EL Sauerrahm
Schnittlauch

🌿 Fleisch und Knochen in kochendes Wasser geben. Nach 2–3 Minuten abschütten, Fleisch abwaschen und Topf säubern, damit alle Trübstoffe entfernt sind und die Brühe klar bleibt.

🌿 Fleisch und Knochen in 2,5 Liter kaltem Wasser aufsetzen und zum Kochen bringen, dann leicht sieden lassen. Nach einer Stunde Suppengrün und Lorbeerblätter zugeben.

🌿 Butter schaumig rühren, Eigelb und Gewürze zugeben. Danach Mehl und Sauerrahm unterrühren, mit Salz und Muskat würzen. Die zu Schnee geschlagenen Eiweiße unterheben.

🌿 In die heiße, aber nicht kochende Brühe gießen, zugedeckt 10 Minuten ziehen lassen. Mit einem Messer die Masse in kleine Rauten schneiden, mit Schnittlauch bestreuen und servieren. Die Baumwollsuppe ist ausreichend für vier bis sechs Personen.

Baumwollsuppe, die berühmte à la Tante Kathrin, mit Flocken von Eischnee obendrauf, wie Baumwoll-Pompons. Merkwürdig, dass dieses Gericht aus simplen, einheimischen Zutaten vor vielleicht hundert Jahren einen exotischen Namen bekam.

Der lange Weg ins Glück

Wie der Krieg die Regie im Leben übernahm und sich dann doch alles zum Guten wendete

„Um e Buuregarde z'kriege, hab ich e Monn mit eme Hof
finde miese. Aber miner Liebschd het keiner g'het. Un er het in
de Krieg miese."

Wachsen und Reifen

„Jeder Summer isch widder ondersch", sagt Agnes Sester. In diesem
Jahr war er spät dran. Ihm voraus ging ein fast sibirischer, langer
Winter und ein kurzer Frühling. Die Blütenpracht war plötzlich
gekommen, die Narzissen und Tulpen, Vergissmeinnicht, selbst das
Unkraut sind aber dann in den ungewöhnlich heißen Apriltagen rasch
verbrannt. Dann war erst einmal Schluss. Kühle, Regen bis weit in
den Juli hinein. Und jetzt, nach einer Woche normaler Temperatu-
ren, hat das meiste im Garten seinen Rückstand aufgeholt. Das heißt,
auch die Gärtnerin muss sich eilen, mitschwingen im Rhythmus
des Wachsens. Bei Agnes Sester geht das automatisch: hinschauen,
zupacken. Ein Blick auf die Gurken, und es zuckt in ihren Händen.
Sind die denn größenwahnsinnig geworden? Schere aus der Tasche –
heute Abend kommen sie ins Glas!

„OHNI GARDE WILL ICH NIT SI"

Unvorstellbar, ein Leben ohne all dies. „Ohni Garde will ich nit si."
Das hat sie schon als ganz junges Ding gewusst. Aber es war lange
nicht klar, ob ihr Traum je in Erfüllung gehen würde. Damals, mit
vierzehn, hatte der Krieg die Regie in ihrem Leben übernommen.
Agnes war ein dünnes, unerschrockenes Mädchen, das auf dem
elterlichen Hof wie eine Erwachsene schuftete – Stallarbeit, Feld-
arbeit, Waldarbeit. Gartenarbeit, aber das nur nebenbei, das war
noch das leichteste. Die Männer, ihre Brüder und die Knechte, waren
an der Front. Im Spätherbst 1941 fiel ihr ältester Bruder Gerhard bei
Leningrad. Es war der 11. November, Martinstag – eine Zäsur in der
Familiengeschichte. Nur wenige Wochen danach starb die Mutter,
mit einundfünfzig Jahren, „on gebrochenem Herze".

Der erträumte Garten. Viel Rot muss dabei sein, das ist Agnes sehr wichtig.

So sieht Glück aus.

Oben: Ein Blick
aus dem Fenster.
Alles ist in Ord-
nung.

Links: Viel Rot
– und das Weiß
der wilden Akelei.
Rechts: Agnes am
Grab der Mutter,
mit Tante Marie.

„Ich g'her de Dante Marie!" rief Agnes manchmal der jüngeren
Lioba zu, die bei der Mutter schlief. Ein Spiel zwischen den Schwestern: „Ich g'her de Mama!" – „Un ich g'her de Dante Marie."
Vor dem Schlafengehen sagte die Tante immer: „So, Agnes, jetzt
bette mer fir e gueti Schterbschtund." – „Ach, des isch jo noch so wit
weg." Entgegnete Agnes dann. „Des kommt schneller als mer denkt."

Jahre ohne Hoffnung

„Des war sehr schlimm. Alles war kald. Schlimm. Sehr schlimm."
Agnes Sester tut sich schwer, ihre Gefühle zu beschreiben. „Es war
kald. Alles." Am Tag der Beerdigung ihrer Mutter im Januar 1942,
erinnert sie sich, habe sie gefroren wie nie zuvor in ihrem Leben.
Das Frieren hätte über Wochen angehalten, bis ins Frühjahr hinein. Viel geweint auch, an der Schulter ihrer Tante Marie. Mit ihr, erzählt Agnes Sester, war sie seit Kindertagen innig verbunden. Nach dem Tod des Vaters, seit sie zweieinhalb war, schlief sie in der Kammer der Tante. Die unverheiratete Marie wurde für die verwaiste Fünfzehnjährige zur Ersatzmutter. Tante Marie und Agnes wirtschafteten mit vereinten Kräften weiter. Offiziell war ein älterer Nachbar als Betriebsleiter eingesetzt. Führen kann nur ein Mann, so die Ideologie der Zeit. Doch der ließ sich selten blicken, mischte sich auch in heiklen Fragen nicht ein, etwa wenn es um die französischen Kriegsgefangenen ging. Man aß mit ihnen am großen Tisch – wie früher, die Tante backte ab und zu Gugelhupf für die heimwehkranken Elsässer, kredenzte Most für alle, die auf dem Hof arbeiteten.

ZIVILCOURAGE

Von ihr habe sie Zivilcourage gelernt, erzählt Agnes Sester. Wie
die Tante dem Ortsbauernführer Paroli bot, der eines Sonntags in
Uniform aufkreuzte, wird sie nie vergessen. Vors Kriegsgericht werde
er sie bringen, wenn er die Gefangenen am nächsten Sonntag wieder
in der guten Stube antreffe! „Heil Hitler!" Wutentbrannt knallte er
die Peitsche auf den Tisch. Die Tante wies ihm die Tür. „Du wirsch

sie widder do finde. Des beschtimm ich!" Es blieb dabei. Nachts wurde die Knechtskammer, wo die sechs Franzosen schliefen, nicht abgesperrt, wie es Vorschrift war. „Du nix fermez la cric-cric, wir nix parti". Sie würden nicht abhauen, versprachen die Gefangenen. Einer von ihnen, Jules, war Coiffeur.

Am Sonntagnachmittag wurde die Küche der Wußlers zum Frisör-Salon, Buben und daheim gebliebene ältere Männer aus der Nachbarschaft ließen sich die Haare schneiden. Auf dem Land war eben manches anders als in Offenburg oder Stuttgart.

KRIEG

Und der Garten? Agnes Sester schaut in den Himmel, den Schwalben nach. Zieht die Stirn kraus. Versteht sie die Frage nicht? „Irgendetwas muss sich doch verändert haben im Krieg?" – „Nei, alles war wie immer." Vielleicht wurde noch etwas mehr Gemüse angebaut als früher. Es reichte für die Hofbewohner und darüber hinaus, um den einen oder anderen Städter, der um Lebensmittel bettelte, zu beschenken. Anders war allenfalls, dass Katja im Garten mithalf, eine ukrainische Fremdarbeiterin. Ansonsten war und blieb alles beim Alten. Im Garten, könnte man sagen, war die Zeit stehen geblieben. Sogar für die alten Rosen, die zum Überleben nichts beitrugen, wurde gesorgt. „Die ware e Kulturguet."

Jenseits des Gartenzauns hingegen veränderte sich alles. Die Landwirtschaft stand unter drakonischer Aufsicht, die Höfe mussten Obst und Getreide, auch Vieh, an den Staat abliefern. Bei jeder Hausschlachtung erschien ein Aufseher, der die Sau wog, pro Person durfte man eine bestimmte Menge behalten, der Rest wurde beschlagnahmt. Wie fast alle Bauern hatten die Wußlers einen geheimen Stall, wo die Schweine besonders gut gefüttert wurden. Bei der behördlichen Viehzählung durften die keinen Mucks machen, bei Bedarf wurden sie schwarz geschlachtet. Einmal haben Agnes und ihre Tante eine Sau in der benachbarten Kapelle eingesalzen, oben im Turm.

Tüchtig war sie, die Agnes. Von Monat zu Monat wurde sie kräftiger. „S' Bürgermeischters Dirri", der Spitzname, den sie (die Enkelin des langjährigen Reichenbacher Bürgermeisters) seit der Schule trug, passte nicht mehr. Schwere körperliche Arbeit machte ihr nichts aus, und für moderne Technik hatte sie besonderes Talent. Klassische Männerarbeit, die sie unter normalen Umständen nicht gelernt hätte.

„Das Tor zu meinem Paradies", sagt Agnes voller Stolz.

Wilder Mohn, der früher nur am Wegrand wuchs.

Mit dem Motormäher, den noch die Mutter gekauft hatte, dem ersten in ganz Reichenbach, tuckerte sie über die Wiesen, die eigenen und die der Nachbarn, die Hilfe brauchten. Motor auseinander nehmen, wenn er streikte, Vergaser ausbauen, Zündkerzen reinigen, alles konnte sie. Den Frauen der Kleinbauern, deren Männer an der Front waren, mähte sie das Gras. Bei gutem Wetter war sie oft bis spät in die Nacht im Einsatz, als Beleuchtung dienten Sturmlaternen. Todmüde, mit schmerzenden Armen fiel sie danach ins Bett.

Irgendwann mussten die letzten Arbeitspferde in den Krieg, dann musste mit Ochsen gepflügt und geeggt werden. Agnes machte es Spaß, die störrischen großen Tiere einzulernen und sie über den Acker zu führen. Ebenso wie die Wasser betriebene Mühle zu bedienen, in der Getreide fürs Vieh und zum Brotbacken gemahlen wurde. Arbeiten, arbeiten, und bloß nicht rasten! Nur so konnte das junge Mädchen den trüben Gedanken entkommen. Ringsherum waren nach und nach immer mehr Menschen verschwunden. Zuerst die Juden, der Viehhändler Bloch, den sie kannte, und der Stoffhändler Siegfried Blum. Später die Frieda und die Franziska, zwei Frauen auf dem Dorf, die nicht ganz richtig im Kopf waren, sie seien „unnützi Esser", hieß es. Agnes hatte davon gehört und es gleich wieder bei Seite geschoben, erst nach dem Krieg habe sie verstanden, wo sie geblieben sind.

„Denken Sie noch manchmal an diese Zeit?" – „Oft." Wir sitzen in der Laube am Rande des Gartens, ihr Blick schweift über den Goldfischteich zu den Sommerblumen. „Sit em Krieg weiß ich, was wichtig isch im Läbe." Sie schaut in die Weite, die sich hinter dem Zaun öffnet, übers Kinzigtal und den Bellenwald in den blauen, von weißem Dunst verschleierten Himmel.

In ihrer Jugend gab es nur Arbeitspferde.

Rechts: Mathias Sester, der Schulkamerad, den sie lieben lernte.

Liebe ohne Land

Ein eigener Garten! Das war immer ihr Traum. Wie genau er aussehen sollte, wusste Agnes als junges Mädchen noch nicht. Ein Bauerngarten natürlich, und er sollte Teil eines Hofes sein – sie als Gärtnerin gleichzeitig Bäuerin. Voraussetzung dafür war: die Liebe. Denn den elterlichen Hof würde sie aller Voraussicht nach nicht übernehmen können, den hatte die Mutter auf dem Sterbebett Alfons überschrieben, Agnes' zweitem Bruder, der hoffentlich heil aus dem Krieg zurückkehren würde. Nur durch Heirat mit einem Mann, der Hoferbe war, konnte ihr Wunsch in Erfüllung gehen. Es gab da jemanden aus ihrer Schulzeit: einen Mathias.

Die grosse Liebe: Mathias

„Was gefiel Ihnen an diesem Mathias?" Agnes Sester lacht. „Alles!" Lacht und ringt nach Worten. „Naja, alles." Nach einer Weile fällt ihr noch etwas ein: „Er het fehlerfrei schriibe kinne." Das imponierte ihr, unter ihren Mitschülern in der zweiten, dritten Klasse konnte das kaum ein Junge. „Und er?" Wenn sie ihn angeguckt hätte, dann hätte er zurückgeguckt. Einander mit Papierschnipseln beschießen, so was in der Art, sie ihn, er sie. Mehr war da nicht bis zur Schulentlassung. Im Krieg war dann keine Zeit zum Poussieren. Im Frühsommer 1943, mit nicht einmal siebzehn Jahren wurde er zur Waffen-SS eingezogen. Agnes schickte ihm Briefe, „er het ja noch kei Liebschdi g'het, wo ne dröschdet het." Erst nach Russland, später nach Italien, wo er verwundet wurde. Aus dem Lazarett entlassen wurde er zu einer Kompanie am Starnberger See befohlen. „Ach, wie wäre das fein, wenn

33

In den letzten Monaten des
Krieges war nichts mehr wichtig,
nur das Überleben. Über das
stille Kinzigtal flogen die Jagd-
bomber, feuerten auf Mensch und
Tier. Agnes lernte, blitzschnell
in Deckung zu gehen. Einmal,
unterwegs, kroch sie unter den
Leiterwagen, die Schüsse trafen
den Ochsen in die Nüstern. Ganz
nahe war jetzt der Tod. Jeden
Tag Angst, und die Gewalt hörte
bei Kriegsende nicht auf. Plün-
derungen, Vergewaltigungen, die
französische Besatzungsmacht
ließ dem Geschehen anfangs freien
Lauf.

kein Krieg wär", schrieb Mathias von dort, in seinem schönen Schuldeutsch, „dann könnten wir zusammen Schlitten fahren."

In dem chaotischen Frühling 1945 nahm der Garten Schaden, es wurde zu spät eingesät, Pflänzchen verdorrten. Gießen, Hacken, Unkraut zupfen, die Routine war aus dem Tritt.

Mathias lebte. Vom Starnberger See war er zu Fuß nach Hause gelaufen. Er blieb nur ganz kurz, wieder konnten er und Agnes nicht zueinander finden. Die französischen Behörden hatten die jungen Männer des Ortes einbestellt, um zu kontrollieren, ob da einer unterm Arm die Blutgruppe eintätowiert hatte. Auch Mathias trug dies Zeichen der SS. Dass er nicht freiwillig Mitglied geworden war, hätte ihm wohl niemand geglaubt. Entdeckt zu werden, bedeutete: Kriegsgefangenschaft, und so tauchte er bis auf Weiteres bei seiner Schwester im Renchtal unter.

Es geht weiter

Alfons Wußler, der Hoferbe, war ebenfalls aus dem Krieg zurück und übernahm die Geschäfte. Agnes und Lioba sowie die Tante Marie waren nun ihm unterstellt, wie es Tradition war. Das Leben normalisierte sich, auf dem Lande musste niemand hungern. Täglich klopften Fremde aus der Stadt an, wollten ihre Habseligkeiten gegen Lebensmittel tauschen. Heerscharen armseliger Gestalten zogen bettelnd durchs Kinzigtal, zur Erntezeit vor allem, boten ihre Hilfe an. Zum Lohn durften sie das Feld nach übrig gebliebenen Ähren absuchen. „Wer git, wird nit arm", diese Maxime ihrer Mutter hatte sich Agnes zu Eigen gemacht. Nach der Währungsreform, Sommer 1948, ging es weiter aufwärts. Landwirtschaftliche Produkte waren sehr gefragt, brachten gutes Geld. 1950 heiratete Alfons, seine Frau Marie nahm den Platz der Hausherrin ein. Agnes und Lioba wurden ausbezahlt, je 7000 Mark und die „gesetzliche Aussteuer", vier Garnituren Bettwäsche, Tischwäsche sowie Stoffballen aus grobem handgewobenen Leinen.

Bei der Arbeit kommen manchmal Erinnerungen hoch. Der Krieg.
Das Leid. Es war eine schwere Zeit.

Der Sesterhof

„Mathis un ich sin mitnander gonge, aber mir hen nit g'wisst wohi." Inzwischen kannte Agnes seine Eltern und das bäuerliche Anwesen, den Sesterhof. Er lag idyllisch in der Binzmatt, einem Seitental – für ihren Geschmack ein bisschen zu abgelegen. Die Sesters waren bis vor nicht allzu langer Zeit im Renchtal zu Hause gewesen. Michael und Theresia Sester hatten dort einen Pachthof bewirtschaftet, ehrgeizige Leute, die unbedingt etwas Eigenes wollten. 1923, während der großen Inflation, hatten sie den Hof für fünf Millionen Rentenmark erworben, waren mit acht Kindern auf dem Ochsengespann über die Waldwege in die neue Heimat gezügelt. Der Jüngste, Karl, so wurde erzählt, schaukelte in einem Körbchen am Wagen. In der Binzmatt wurden noch Mathias und Regina geboren. Nach und nach haben sie mit vereinten Kräften eine neue Existenz aufgebaut. Agnes konnte sich durchaus vorstellen, auf diesem Hof zu leben. Auch der große Garten sagte ihr zu. Am Backhaus stand ein Rhododendron – etwas ganz Exotisches damals, das sie faszinierte.

„Rhododendron isch frieher gonz selte g'si. Ich hab devu draimt, dass ich emol gonz viel vun dene ho wird. Schpäter bin ich donn e richtige Pflanzejägeri wore."

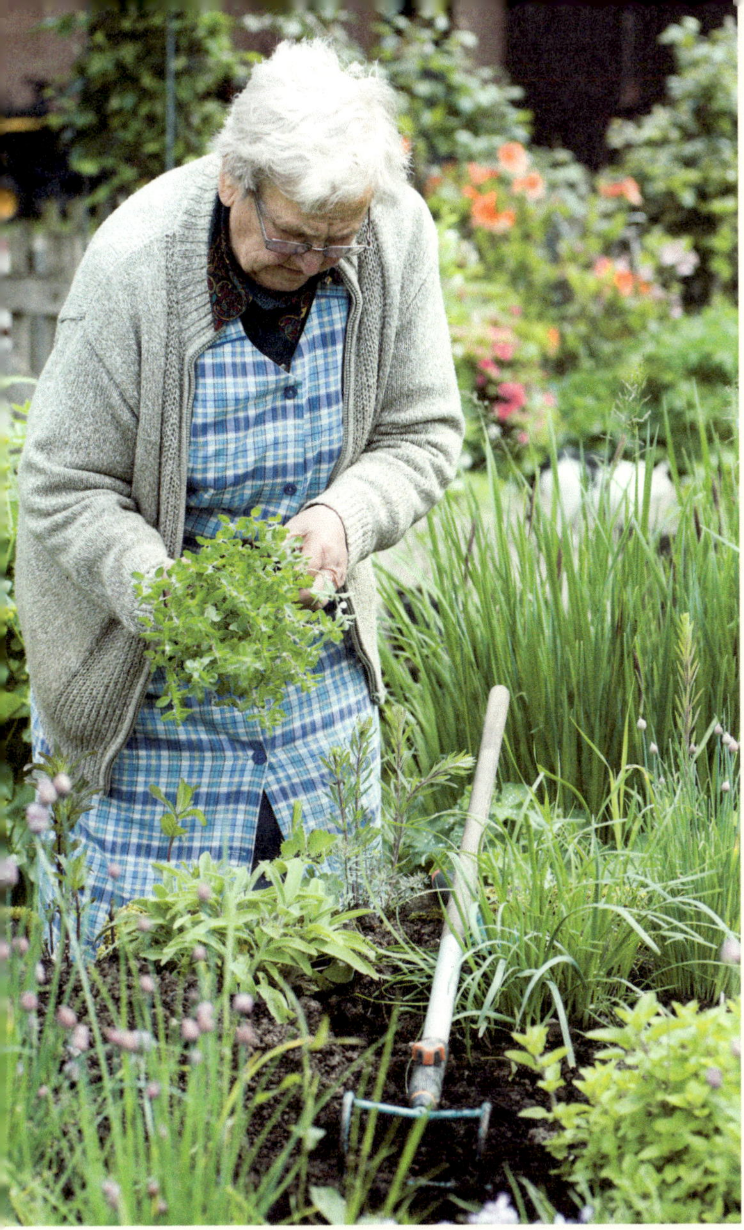

Links: Die große Sesterfamilie Anfang der 1930er-Jahre.

Rechts: Das Kräuterbeet – ein Muss, damals und heute. Zum Kochen wird immer etwas benötigt.

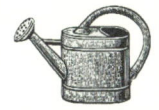

Doch der Hof war für Jakob bestimmt, den ältesten der Sester-Brüder. Mathias möge sich eine Frau mit einem Nest suchen, und das hatte Agnes nicht. Keiner von beiden hatte Land, das klassische Schicksal nachgeborener Bauernkinder. „Ohne Beruf“ stand in Mathias Sesters Pass, obwohl er viele Lehrgänge mitgemacht hatte, als Baumwart, als Sprengmeister, die Winterschule für Landwirte besuchte. „Ohne Beruf“, in Agnes' Pass dasselbe. Was tun? In die Stadt gehen? In die Fabrik? Nie und nimmer! Agnes hätte in eine Gastwirtschaft einheiraten können. „Der Sohn het mi auch welle“.

Durch diese Tür ging sie am Hochzeitstag. Anfangs fühlte sie sich im Elternhaus ihres Mannes sehr fremd.

Plötzlich, wie durch ein Wunder, wurde der Weg für die beiden frei. Im Schwärzenbach suchte ein alter Mann, ein Witwer ohne Kinder, einen Nachfolger für seinen Hof. Er würde ihn hergeben, trug er den Sesters an, wenn nur einer käme. Ein verwahrlostes Haus hatte er zu bieten, und sehr viel Land, fünfundsiebzig Hektar, fast geschenkt. Jakob Sester wollte ihn, und so kam der jüngste Sohn Mathias in der Erbfolge zum Zuge. „Jetzt konnsch mich hirate, Agnes." Noch immer zögerte sie, er drängte:" Ich will e klars Wort vun dir, Agnes. Ondere Miieter hen au scheeni Deechter."

An diesem Abend kam es im Schlafzimmer, das Agnes immer noch mit ihrer Tante Marie teilte, zu einer denkwürdigen Szene. „Ich glaub, ich hab mit em Mathis Schluss g'mocht." Woraufhin die Tante aus dem Bett hochfuhr: „Maidli, bisch du vuruckt? E bessere Mensch wi de Mathis gits nit under de Sunn." Agnes Sester erinnert sich noch an jeden Satz. „Willsch du ewig d' Magd si uf em Hof vun dinem Brueder. Du bisch jetzt achtezwanzig, du wirsch nit ewig so umschwärmt si." Sie kannte die Bedenken der Nichte.

„Was basst dir denn nit? De Schwiegervatter isch schtreng, s' Huus isch ald. Aber wenn ma sich gern het, konn mer alles schaffe."

23. November 1954. Der Tag war warm. Das Brautkleid selbstgenäht. „Ich wäre mit Mathias ans Ende der Welt gegangen", sagt Agnes Sester noch heute.

Endlich Hochzeit

Die Hochzeit wurde auf den 23. November 1954 gelegt, gefeiert werden sollte im „Schwarzen Adler" in Gengenbach. Leicht war der Abschied von zu Hause nicht, ein letztes Mal machte Agnes zu Allerheiligen den Garten winterfest. Kurz vor dem großen Tag fuhr der Bruder ihre Aussteuer mit dem Leiterwagen in die Binzmatt: Bettwäsche und Tischdecken, Kleider, ein Fahrrad und den großen Küchenschrank, den Tante Marie für die Braut hatte anfertigen lassen. Nur anderthalb Kilometer Luftlinie entfernt würde sie leben – ihrem Gefühl nach war es viel weiter.

Die Aufsicht übers Hochzeitsmenu übernahm natürlich Tante Kathrin. Mittags Rindfleischnudelsuppe, danach Rindfleisch mit Meerrettich und Rote Bete, und als Höhepunkt gefüllte Kalbsbrust. Am Abend noch mal Fleisch, Kalbsfrikassee, Schnitzel mit Kartoffelsalat, Bratwurst satt, so war es Tradition. „Ein Gelage", seufzt Agnes Sester. Es war ein klarer, nicht allzu kalter Tag, erinnert sie sich. Ob sie geweint hat? „Nein!"

„Im nägschde Johr hätte de Mathis und ich diamantini Hochzig." Sie schaut auf die beiden schmalen Eheringe an der linken Hand. Sie sind beinahe eingewachsen im Fleisch.

Gefüllte Schweinebrust

1,5–2 kg Schweinebauch,
zur Tasche aufgeschnitten
Butterschmalz zum
Anbraten

FÜR DIE FÜLLUNG:
1 halbes Baguette vom
Vortag
3 mittelgroße Zwiebeln
3 Eier
3 Zweige Petersilie
Muskat gerieben, Salz,
Pfeffer
1 Tasse Milch

FÜR DIE SOSSE:
Gemüsebrühe, 1 Zwiebel,
2 Möhren, 1 Tomate

Fleisch innen und außen mit Salz und Pfeffer einreiben. Für die Füllung die Zwiebeln klein schneiden, in der Milch glasig dünsten. Das Brot in kleine Würfel (ca. 1 cm) schneiden. Zwiebelmasse über die Brotwürfel geben, 5 Minuten ziehen lassen.

Eier hinzugeben, mit Salz, Muskat und klein geschnittener Petersilie würzen. Die Masse in die Fleischtasche füllen und zunähen. In einem Bräter das Fleisch auf beiden Seiten anbraten. Zwiebeln, Möhren und Tomaten hinzugeben, weiter braten, dann mit Gemüsebrühe ablöschen.

Den Bräter mit Deckel 2,5 Stunden bei 160 Grad Celsius in den Backofen schieben. Zwischendurch mit Bratensaft begießen. Vor dem Aufschneiden den Braten 10 Minuten ruhen lassen. Aus dem Bratenfond eine Soße bereiten. Dazu Möhren, Bohnen, Erbsen und natürlich Salzkartoffeln. Das Gericht ist ausreichend für sechs bis acht Personen.

Agnes hatte davon gehört, dass Bräute am Hochzeitstag weinen, aber sie musste nicht weinen. Abends sind die frisch Vermählten mit dem Opel Olympia in die Binzmatt gefahren, das Schlafzimmer war schon fertig eingerichtet. Von der Hochzeitsnacht spricht sie nicht. „Ma isch jungfräulich in d' Ehe."

„Unser Hochzigsesse koch
ich oft an Fiirdig. Schtatt
ere Kalbsbruschd nimm
ich meischdens e magerer
Schwinibuch."

Nutzen oder Zierde?

WIE NARZISSEN,
DAHLIEN UND GLADIOLEN
EINZUG IM GARTEN
HIELTEN

„Hit moch ich, was ich will

$\mathcal{D}$ie mühsamste Arbeit ist getan, das Bücken und Tragen. Vor allem der Lauch ließ sich schwer aus der Erde ziehen. Auf dem Tisch in der Laube türmt sich Gemüse. Endlich Sitzen! Was jetzt kommt, ist ein Kinderspiel. Gemüse schälen und kleinschneiden, das machen die Hände ganz von allein. „S' git kum Gälruebe dies Johr. D' Maria het si gsait." Tochter Maria, selbst eine erfahrene Gärtnerin, erzählt Agnes Sester, hat als Markiersaat statt Radiesle ausnahmsweise Rettich genommen. Und der ist so stark gewachsen, dass er die Möhren verdrängt hat.

Zügig schnibbelt sie grünen Bohnen, dann sind die Kohlrabi dran, es folgen Lauch und Zwiebeln. Stifte, Scheiben, Ringe, es wird heute Gemüsesuppe geben. „Ich konn noch ebbs dezu biitrage, aber nimme so wie frieher. In de Kuchi hab ich freii Hond. Alli esse gern, was ich koch. Im Garde konn ich au moche, was ich will."

Links: Den Blick nach unten gerichtet, damit auch ja nichts übersehen wird.

Gemüse – Mischkultur. So wie es Agnes gelernt hat, wird es auch heute noch gemacht.

Markiersaat

Möhren keimen sehr langsam. Vor der Aussaat mischt man deshalb einige Radieschensamen mit den Möhrensamen. Bei gutem Wetter keimen die Radieschen schon bald und die Reihe wird sichtbar. So kann immer gehackt werden zwischen den Reihen, ohne dass man dabei die Möhrensamen stört oder gar aushackt. Bis die dann keimen und größer werden, sind die Radieschen bereits geerntet.

Mitten in die schöne Ruhe hinein schlägt Sammy, der Hofhund, an. Jenseits des Zauns Stimmen, zwischen den Sonnenblumen tauchen Köpfe von Wanderern auf. Im Sommer ist das oft so. „Was für ein schöner Bauerngarten", sagen sie bewundernd. Was ist eigentlich ein Bauerngarten? Jeder hat irgendwie ein bestimmtes Bild davon im Kopf – Farbe und Vielfalt, Blumen und Gemüse, Mist auf den Beeten. Fachleute haben ihre Definitionen, immer andere, je nach Ort, je nach Zeit. Dieser hier ist Agnes' Bauerngarten, er ist ihr Werk, auch wenn andere vor ihr und neben ihr dort ihre Spuren hinterlassen haben.

Als sie ihn im November 1954 nach der Hochzeit mit Mathias Sester übernahm, sah er völlig anders aus. Es war ein reiner Nutzgarten und nicht im allerbesten Zustand, der Zaun ringsherum verrostet, von hohen Brennnesseln umgeben.

„Hinderm Mond

November – die ruhige Zeit auf den Höfen. In den ersten Wochen schaute sich Agnes Sester gründlich um. Nicht dass sie Illusionen gehabt hätte, doch was sie sah, war niederschmetternd. Im großen Stall standen gerade mal sechs Rinder und ein Ochse. Vier der Kühe wurden am Dienstag nach der Hochzeit von einem Viehhändler abgeholt,

der Schwiegervater durfte sie, bevor Mathias den Hof übernahm, noch verkaufen. Es gab noch ein Pferd mit offenem Bein, das bald zum Schlachter musste. Und eine Ziege, ein Armeleutetier, nicht der Rede wert. Maschinen? Keine! „De Rasierapparat vun minem Monn war de einzig Modor, wo ich doher kumme bin." Alles andere wurde mit Wasserkraft oder per Hand bewegt. Säge, Schrotmühle, Dreschmaschine, Butterfass und Milchzentrifuge. In der Binzmatt lebte man, verglichen mit Agnes' elterlichem Hof, noch „hinderm Mond".

In allem Schlechten steckt etwas Gutes

Die Misere hatte jedoch auch ihre Vorteile: Mathias und sie konnten neu anfangen. Dynamisch und energisch wie sie beide waren, legten sie los. Kurz nach der Hochzeit begannen sie mit dem Umbau der alten Küche. Boden und Wände wurden gefliest, der Ofen – er durfte bleiben – ergänzt um einen Elektroherd, moderne Einbaumöbel. Rat erteilte das Landwirtschaftsamt, es schickte später Busse voll neugieriger Landfrauen, die das Wunderding besichtigen wollten. Bald darauf stand der erste Lanz-Bulldog auf dem Hof. Mathias' Eltern ging das alles zu schnell, sie bremsten, warnten vor den Risiken. Oft war es Agnes', die vorpreschte, Mathias gab ihr Rückendeckung. Ob es um den Bau eines Stalls für achtzig bis hundert Hühner ging, um den Kauf einer trächtigen Vorderwälder Kuh oder von Zuchtschweinen, sie zogen an einem Strang.

„Zwiebeln braucht man für fast alles." Die dürfen im Garten auf keinen Fall fehlen.

„Mini Schwiegereltere hen nur Gmies und Kritter oboet. Blueme hen si iberflissig gfunde – e Luxus, wo nit in de Buuregarde passt het. Do hab ich erschd mol e schwerer Stond g'het."

Den alten Traktor hat Agnes Sester zu ihrem 85. Geburtstag wieder herrichten lassen. Darüber freut sie sich immer noch, genauso wie Ferienkinder und Enkel.

𝒟a wurde zum Beispiel samstags auf der Wiese des Nachbarn ein Hagedorn-Ladewagen vorgeführt. Agnes gefiel er sehr, er würde bei der Heuernte viele Saisonkräfte einsparen. „Wollen wir, Mathis?" Am Montag schon waren sie stolze Besitzer des ersten Ladewagens von ganz Reichenbach.

𝒜uch im Garten der Sesters begann ein neues Zeitalter. Als Essenslieferant war er kaum zu verbessern, alles war da. Auf den vierhundert Quadratmetern wuchsen Karotten, Sellerie, Erbsen, Salat, Kräuter, reichlich Zwiebeln, etliche Sorten von Bohnen. Etwas außerhalb, wie damals üblich, ein zusätzlicher Bohnenacker, ein Krautacker und ein Kartoffelacker. Alles in allem wuchs viel mehr, als der Hof brauchte. Die Sester-Kinder waren inzwischen alle ausgeflogen, fremdes Personal durch Maschinen ersetzt, nur die Schwiegereltern, das junge Paar und der Knecht Karl Mellert, genannt „Karli", sowie eine Magd saßen noch am Tisch. Überschüsse fielen jetzt an, Agnes fing an, sie zu vermarkten. Salatköpfe, Petersilie, was sie nicht selbst aßen, fuhr sie zum Wochenmarkt, dazu Eier, Butter, Quark und selbst

Die Vielfalt der Nutzgemüse, sie hätte ihrem Schwiegervater gefallen.
Kohlrabi, Stangenbohnen und Lauch sind nur einige davon.

gemachter Bibeleskäs, im Sommer und Herbst
auch Obst. Hochbepackt war ihr Fahrrad. Nach-
dem sie mehrfach pudelnass geworden war, beschloss sie, auf ihren
Motorradführerschein von 1950 den Autoführerschein aufzusatteln
und meldete sich bei der Fahrschule an. „Wenn du meinscht", sagte
Mathias, etwas überrascht, „dann moch 's". Seinerzeit musste laut
Gesetz eine Frau ihren Ehemann noch um Erlaubnis fragen.

> *„Bohne und Krut, Erbse und Gelruebe, Rohne – des war die*
> *wichtigschde Gmiessorte. De Mathis het niin Gschwister g'het, do*
> *wars als emol knapp."*

„VUN DE BLUEME KOMMA NIX ESSE"

Geld spielte auf dem Hof eine immer größere Rolle, und es war
immer mehr davon da. Diese Tatsache wiederum war bedeutsam für
den Garten. Blumen hielten nun Einzug, Tulpen und Narzissen, Dahlien und Gladiolen. „Das konnten wir uns leisten." Nie zuvor hatte es
so einen einschneidenden Wandel gegeben. „Vun de Blueme komma
nix esse." Schimpfte der Schwiegervater. In seinen Augen und so
dachten die meisten damals – war das Luxus, pure Platzverschwendung. Mit einem Wort: nutzlos.

Rosenliebe

*„De Mathis un ich, mir hen beide gern Rose g'het.
In de Auge vum Schwiedervadder war des dumms Zieg,
nur Platzverschwendung."*

Die Ansiedlung von Himbeeren im Garten brachte ihn Rage, wieder ein Stück Kulturland verschenkt, die konnte man doch aus dem Wald holen. Ringelblumen ließ er sich noch gefallen, daraus ließ sich Salbe herstellen, die waren nützlich. „Zierde" war für ihn kein Wert. Schönheit, Farbe, alles, wovon Agnes beseelt war, brauche ein Bauer

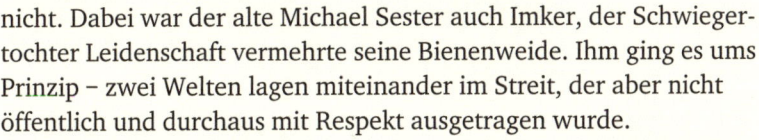

nicht. Dabei war der alte Michael Sester auch Imker, der Schwieger-
tochter Leidenschaft vermehrte seine Bienenweide. Ihm ging es ums
Prinzip – zwei Welten lagen miteinander im Streit, der aber nicht
öffentlich und durchaus mit Respekt ausgetragen wurde.

Den Anfang zum Ziergarten hatte eigentlich schon Jakob Sester,
Mathias' älterer Bruder, gemacht, mit besagtem Rhododendron, der
am Backhaus stand, und ein paar selbst veredelten Rosen, die am
Leibgeding-Haus rankten. Nach der Übernahme des Hofes durch die
junge Generation wurde der Rose die Tür zum Garten geöffnet. Wenn
Agnes irgendwo ein prächtiges Exemplar sah, sorgte Mathias dafür,
dass er ein Auge davon bekam. Im Okulieren war er geschickt, wie in
vielen anderen handwerklichen Dingen.

Schönes und Nützliches beieinander

Wer heute den Garten betritt, spaziert durch einen Bogen üppiger
roter Rosen. Sie säumen die Innenseite des Zauns, umranken ihn,
vom Haus aus gesehen wirkt das Ganze wie ein Dornröschenschloss.
Ihr Schwiegervater, lacht Agnes, würde die Nase rümpfen, wenn
er all das sähe. Die Stockrosen neben den Erbsen, Mohn, der das
Salatbeet bedrängt. „Agnes, des isch doch kei Buuregarde," würde
er sagen.

Walnüsse stehen hoch im Kurs

Michael Sester war ein Patriarch, wie es damals viele gab. Agnes, die ohne Vater aufgewachsen war, hatte diese Spezies von Männern bis dahin nicht aus der Nähe erlebt. „Des isch verloreni Zit, was d'Wiiber do im Garde rumbuddle". Solche Sätze kannte sie von zu Hause nicht. Der Ausspruch: „E Frau muesch mied mache mit de Erbet, donn isch sie mit allem z'fride", machte sie geradezu wütend. Auf dem Sester-Hof wurde sie Zeugin einer Ehe, die eine nüchterne Zweckgemeinschaft war, und in der die Frau nicht viel zu melden hatte. Mit der klassischen Rollenverteilung, der zufolge der Garten „Weiberarbeit" war, bis auf das Miststreuen, das war Männersache.

Garten und Küche, Kinder und Kirche waren das Leben ihrer Schwiegermutter Theresia gewesen. Eine Frau, die immer noch Tracht trug und, seit Agnes da war, das Feld räumte und sich Ruhe gönnte. Meist saß sie auf dem Bänkle, redete mit Spaziergängern, schenkte ihnen Most ein, damit sie ein wenig länger verweilten und ihr

Theresia und Michael Sester. Von dem Walnuss-baum, den die Schwieger-mutter pflanzte, essen heute die Urenkel.

Einen Walnussbaum auf alte Art pflanzen

Die Nüsse werden von der grünen Außenschale befreit und in Töpfe mit leichter Erde gesteckt, die im Keller überwintert werden, bis sich im Frühling der Keim zeigt. Der Keimling wird dann ausgepflanzt. Walnussbäume brauchen viel Platz, in der Breite und in der Höhe. Anfangs sollten sie vor Eichhörn-chen und anderen Tieren gut geschützt werden. Es dauert etwa zwölf Jahre, bis ein Walnussbaum trägt.

Die Walnüsse haben viele Liebhaber. Der beste Abnehmer heute ist ein türkischer Nachbar.

etwas von der Welt erzählten. Der Schatten des kleinen Walnuss-baums war gewissermaßen ihr Alterssitz. Sie hatte ihn selbst ge-pflanzt. „Mini Schwiegermueter war gonz veruckt nach de Nuss-baim." Jeden Herbst habe sie schönsten Nüsse gesammelt und in Töpfe gesteckt. Sie überwinterten dann im Keller, wenn sie im Früh-ling keimten, wurden sie wieder ins Freie gebracht. Wo eben Platz war, gehegt und gepflegt. Walnüsse waren eine sehr gute Einnah-mequelle. Im Spätherbst war Nussmarkt, von dem Erlös konnte man anderntags, auf dem Jahrmarkt, Kleider und Hemdenstoffe für den Winter kaufen.

Bis heute stehen Walnüsse auf dem Sesterhof hoch im Kurs. Tochter Barbara hat mehrfach Bäume nachgepflanzt, Tochter Maria sorgt dafür, dass möglichst alle Nüsse aufgesammelt werden, zum Säubern nimmt sie heute den Hochdruckreiniger. Ihr bester Kunde ist Halit, ein Gengenbacher aus der Türkei, dem Land der allerfeinsten Walnussspeisen.

Alles war gut, nur ihr Wunsch nach Kindern blieb unerfüllt. Das machte Agnes und Mathias Kummer, sie hatten die Dreißig schon überschritten. Nach sechs Jahren, im Januar 1960, konnten sie endlich ihre Tochter Maria Theresia in den Armen halten. Anderthalb Jahre später kam Monika Elisabeth zur Welt, nach etwa fünf Jahren Pause wurde 1966 Barbara Agnes geboren. 1967 Martina Lioba, das schwerste aller Babys, es hätte sie fast das Leben gekostet.

Um 1970. Stolze Eltern. Agnes und Mathias, mit ihren Töchtern Martina, Barbara, Monika und Maria.

Links: Veronika. Ein ganzer Teppich muss es sein.

Frauenarbeit, Männerarbeit. Bei Agnes und Mathias Sester geriet die strenge Trennung in Fluss. Agnes fuhr Traktor, sie war die Ökonomin in allen Bereichen. Ihre Schwiegermutter durfte allenfalls Eier verkaufen, Agnes hingegen verkaufte Vieles, unter anderem Schnaps, der traditionell unter der Herrschaft der Männer stand, ja sie brannte ihn sogar selbst. Das Wort „Gleichberechtigung" war damals noch nicht in Mode, „Hond in Hond" nannte es das junge Paar. „Wie e g'elts Räderwerk" seien sie und Mathias gewesen, sagt Agnes Sester rückblickend. Halb sechs aufstehen, er begann mit dem Melken, sie versorgte derweil Kälber und Schweine. Dann molk sie weiter, während er mit dem Knecht Karli nach draußen ging, Futter mähen und Ähnliches. Man traf sich beim Frühstück, das sie richtete, kurze Besprechung, was anliegt. Er zog danach ab aufs Feld, sie in den Garten. Einvernehmlich lief es weiter, den ganzen Tag, einer wusste, was der andere gerade tat – und schätzte dessen Arbeit.

Der alte Michael Sester konnte das „Viermaidli-Haus" nicht mehr kommentieren, er war im Dezember 1959 gestorben. Die junge Generation war nun frei, so zu leben, wie sie es wollte. Die Rosen gewannen weiter an Terrain, und die Gartenpläne schossen nur so ins Kraut – eine Laube, betonierte Wege, „mir henn immer ebbis vorg'het." Jedes der Mädchen hatte, sobald es alt genug war, ein eigenes Beet. Es durfte Saatgut von der Mutter erbitten. Blumensamen wie Gemüsesamen wurden immer noch selbst vermehrt, in diese Kunst wurden auch die Kinder noch eingeweiht. Auslesen, trocknen, sicher aufbewahren, das sparte nicht nur Geld, das genetische Material gehörte zum Erbe jedes Hofes.

Der Juli ist Gemüsesuppenmonat

Die sechziger Jahre des vergangenen Jahrhunderts hatten es in sich. In den Städten rebellierten die Studenten, während sich auf dem Lande eine stille Revolution vollzog. Die Gefriertruhe zum Beispiel, eine nur der vielen Neuerungen, was hat sie alles verändert. All die Mühen des Haltbarmachens, das Einsäuern von Bohnen, das Dörren von Obst, die Arbeitsgänge und dazu nötigen Gerätschaften waren nun überflüssig. Der Spätzletag mit Dörrobst, jeden Mittwoch im Winter, entfiel.

Agnes Sester erzählt gern von Dingen und Gewohnheiten, die es nicht mehr gibt. „Für des Derrobst hets beschtimmti Kerb ge, die het de Korbmocher brocht, mit eme Deckel, dass Luft dro kummt. Die

Bohnen selbst vermehren

Die für die Zucht vorgesehenen Bohnen sollten möglichst früh – Ende April bis Anfang Mai – gesät werden, damit sie im Herbst auch wirklich voll reif sind. Die trockenen Hülsen werden dann bei trockenem Wetter geerntet und müssen auf dem Dachboden oder im Heizungskeller noch nachreifen. Nun werden Hülsen und Schmutz entfernt, verletzte Bohnen und auch untypische Formen aussortiert. In Säckchen aufheben, diese zum Schutz gegen Mäuse zusätzlich in Einmachgläser geben. Kühl und dunkel gelagert bleiben sie vier, fünf Jahre keimfähig.

Unterm Walnussbaum ist es auch im Juli angenehm kühl.
Ein wunderbares Plätzchen zum Ausruhen und zum Reden.

het ma an Dräht ufg'hängt, driber e g'eltes Pergamentbabier. Do isch donn d' Muus abgrudschd, wenn sie in de Korb grabble het welle." Bei diesen Geschichten machen die Enkel große Augen.

ℬis heute gibt es bei den Sesters im Juli oft Gemüsesuppe. Auch das Rezept ist unverändert. Auf dem großen elsässischen Teller wird der bunte Berg immer höher. Noch eine Kohlrabi dazu? Lieber etwas mehr kochen, als zu wenig. Der Rest wird eingefroren, morgen ist ein neuer Tag. Eintönigkeit auf dem Speiseplan muss nicht mehr sein, findet Agnes Sester. In ihrer Kindheit hat man viel aufgewärmt. Zum Beispiel wurde Sauerkraut für drei Tage gekocht: Sonntags Rindfleisch mit Meerrettich und Salzkartoffeln, dazu Sauerkraut. Montags Kartoffelbrei mit aufgewärmtem Sauerkraut. Dienstags Sauerkraut und Spätzle geschichtet, Semmelbrösel und Butterschmalz obendrüber.

Gegessen wird heute unterm Walnussbaum. Unterm „Hofbaum", wie ihn die Sesters nennen, seit er, irgendwann in den 1980er-Jahren, die ersten Äste übers Dach reckte. Wie wichtig er für ihr Wohlbefinden ist und für die Silhouette des Hofes, wurde ihnen am zweiten Weihnachtstag 1999 klar, als der Sturm „Lothar" über den Schwarzwald fegte und ihn beinahe mitgerissen hätte.

Gemüsesuppe quer durch den Garten

2 kleinere Zwiebeln
50 g Fett

Gemüse frisch aus
dem Garten:
3–4 Möhren
ein halber Blumenkohl
eine Handvoll grüne
Bohnen
2 Tassen Erbsen
1 kleine Lauchstange
1 Stück Sellerieknolle
1,5 l Gemüsebrühe

Die Zwiebeln kleinschneiden und im Fett leicht andünsten. Währenddessen das Gemüse in mundgerechte Stücke schnippeln, zu den Zwiebeln geben und nach kurzer Zeit mit der Gemüsebrühe ablöschen.

Etwa 30 Minuten bei schwacher Hitze köcheln lassen. Vor dem Servieren mit frischer Petersilie bestreuen. Nach Belieben kann für jeden ein Wienerle dazu gereicht werden. Die Menge reicht für 4 Personen.

„Die Supp isch jedes Mol ondersch. Des sag ich immer, un des schtimmt. Worum soll's au immer glich schmecke?"

Kirschen-zeit

Wozu Kirschen
gebraucht werden und
was das Schöne an der
Kirschenzeit ist

Ortenauer Kriese

„Kriese-Zit" sagt man auf alemannisch. Über der Landschaft liegt
das Dröhnen von Dieselmotoren. Aus westlicher Richtung hört man
einen Schlepper Gas geben, dann ein helles, schnelles tak-tak-tak-tak-
tak. Äste knacken, Blätter rauschen – ein künstlicher Sturm, der etwa
zwei Sekunden dauert. Agnes Sester lauscht, während sie das Früh-
stückgeschirr in die Spülmaschine stellt. Durch das geöffnete Küchen-
fenster kann sie mit den Ohren das Geschehen im Kirschgarten verfol-
gen. Sehen kann sie die Maschine und die fleißigen Arbeiter, Maria
und den Schwiegersohn Ernst, nicht. Alles geht ruck-zuck. Kaum hat
der Schüttler den Baum erfasst, prasseln die Kirschen herunter auf
die Plastikplane. Dann wird der Laubbläser angeworfen und pustet
energisch die Blätter zwischen den Früchten fort. Agnes Sester erinnert sich gut daran, wie diese Maschinen aufkamen, „Wunderdinger",
die alle bestaunten, man musste sie einfach haben – mit ihrer Hilfe
konnte man an einem Tag schaffen, was bis dahin fünf, sechs Leute in
einer Woche bewältigt haben.

Mit dem Verkauf von Kirschen und Kirschwasser kam der Hof ins Plus, und diesen Überschuss brauchte man für Kleider und neue Schuhe. Oder als Reserve, wenn plötzlich ein Pferd an einer Kolik starb, Unglücksfälle wie Brand, Seuchen, die immer wieder auftreten konnten. Es war Agnes' erste Lektion in Betriebswirtschaft.

Heute geht die Ernte im Nu. Maschinen helfen dabei. Früher war das Handarbeit. Mathias Sester saß noch wochenlang im Baum.

Heute Mittag werden die schon im Maischefass sein. Eine kleine Menge diesmal, es war lange viel zu kalt. Meist beginnt die Erntezeit Ende Juni, jetzt ist es Mitte Juli. Zwei Körbe voll wird Maria fürs Vesper abzweigen, für die Feriengäste, und natürlich für den Kriese-Plotzer.

GANZE TAGE IN DEN BÄUMEN

Früher hätte man von „Missernte" gesprochen. Ein Jahr wie dieses wäre für den Hof eine mittlere Katastrophe gewesen. In ihrer Kindheit sei das mal passiert, erinnert sich Agnes Sester, sie war etwa zehn Jahre alt. Damals, im Juli, sei ihre Mutter am Boden zerstört gewesen. Sei es, dass ihre Verzweiflung eine Erklärung verlangte, sei es, weil Agnes ungewöhnlich wissbegierig war, jedenfalls hielt Adelheid Wußler der ältesten Tochter einen Vortrag: „Kriese sind de Gwinn vum Hof." Sie schrieb alles auf einen Zettel – Einnahmen, Ausgaben. Kühe, Schweine, Hühner, Gartenprodukte, legte sie dar, dienten nur der Selbstversorgung der Familie. Mit dem, was sie darüber hinaus an Geld erbrachten, wurde das Gesinde bezahlt, die Sozialabgaben, Versicherungen. Mit viel Geschick und etwas Glück war man bei Jahresende bei null. Kein Gewinn, kein Verlust – so war das Bauerndasein.

Mühsal und Vergnügen

„*D'* Mudder het immer guet rechne miese." All das Talent von Adelheid Wußler reichte jedoch nicht, um über die Runden zu kommen. Darüber hinaus war göttlicher Beistand nötig. „Geht ins Kirchli", trug sie im Frühling den beiden Töchtern auf, „bette, dass de Kriese nit verfriere." Das Gebet der Kinder, glaubte man, werde eher erhört. Im „Kirchli", also der Kapelle nebenan, mussten Agnes und Lioba jeden Abend um sieben die Glocken läuten. Wenn was Besonderes anstand, auch beten. „Vergesse s'kronke Ross nit", rief die Mutter ihnen hinterher. „Un d' Kue, wo bal kelbert." Vor allem die Kirschblütenzeit im März war gebetsintensiv. Nässe, Kälte, starker Wind, alles konnte den zarten Blüten schaden. Sobald sie Frucht angesetzt hatten, ließ die Anspannung der Bauern allmählich nach.

„Frier war d' Kriesezit e eigini Johreszit. Drei Woche simmer alli in de Baim g'hockt – hen g'schafft, g'sunge und Gschichte verzehlt."

„DES MITENONDER UND DIE LUSCHDIG SCHTIMMUNG"

*K*riese-Zit – damals eine eigene Jahreszeit, sie dauerte drei Wochen oder länger. Eine Mühsal und zugleich ein Vergnügen, ein ganz besonderer Zustand, könnte man sagen, von Körper und Seele. Agnes Sester, eigentlich ein nüchterner Typ ohne Neigung zur Nostalgie scheint ihn zu vermissen. Es fing damit an, dass ein Schwein geschlachtet wurde, zweieinhalb bis drei Zentner, so viel wurde gebraucht. Fünfzehn bis zwanzig Leute mussten nämlich jeden Tag verköstigt werden, Familie und Verwandte, Gesinde, dazu Saisonkräfte, meist Arbeiter aus dem Sägewerk des Onkels, die eigens zur Kirschenzeit ihren Urlaub genommen hatten. Die Kinder waren natürlich eingeplant, die großen nach der Schule, wenn sie nicht ganz frei bekamen, und die kleinen. „Frieher war alles b'schaulicher und scheener. Ich due d' Vergongeheit nit verkläre, aber die Kriesezit fehlt mer."

Noch immer betet Agnes Sester in der Peter- und Pauls-Kapelle für eine gute Ernte. Viele Anliegen trägt sie dem Herrgott und der Mutter Maria vor.

Morgens früh um fünf zog die Vorhut los, die Männer waren die ersten. Die Kirschen mussten einzeln oder im Büschel „runtergemacht" werden. Um den Baum herum standen fünf bis sechs lange Leitern unterschiedlicher Höhe. Jeder machte „seine Leiter leer", so gut er konnte. Es gab Gipfelstürmer, die in die höchsten Höhen stiegen, und Angsthasen, die lieber in den unteren Bereichen pflückten. Zwischendurch wurden die Leitern umgestellt. Das Vergnügliche bei dieser Arbeit war das Zusammensein. Jeder hockte irgendwo zwischen den Blättern. Plötzlich fing einer zu singen, und die anderen fielen ein, „Wenn alle Brünnlein fließen". Volkslieder meist oder Schlager. Im Grün sah man einander nicht, oder nur mal ganz kurz. Hier und da zwei nackte Beine auf einer Sprosse, eine Hüfte, die schnell wieder verschwand, ein Arm, der einen reich behangenen Ast bewegte. Die Stimme vor allem verriet, wer sich wo befand. Geschichten wurden erzählt, Witze flogen durchs Laubwerk. „S' isch au poussiert wore." Agnes Sester wird verlegen, aber nicht sehr.

Die Kirschenzeit – die hellste Zeit im Jahr, der ausgedehnte Mittsommer in der Ortenau muss etwas ganz Besonderes gewesen sein.

Der Duft reifer Kirschen

Bis nach dem Zweiten Weltkrieg war die Kirschenzeit eine Hoch-Zeit im ländlichen Jahr. Ein tüchtiger Mann, eine tüchtige Frau sollte Leitern umsetzen können, das zählte immer noch als Kapital für die Ehe. Agnes und Mathias konnten es beide. Eine neue Pflücktechnik kam auf, die Kirschen wurden nun nicht mehr in Eimer gefüllt, sondern einfach abgestreift, fielen auf ein Bodentuch aus Jute. „Kriese streife", immer noch Handarbeit, davon können auch Agnes' Töchter Maria, Monika, Barbara und Martina ein Lied singen. In den Sommern, wenn die Familie zusammenkommt, ist das bis heute ein beliebter Gesprächsstoff: die Geselligkeit oben im Baum, Familie, Nachbarn und – als neue Besetzung, seit den 1960er-Jahren – arbeitslustige Feriengäste. Der Held dieser Wochen, immer noch ganz und gar gegenwärtig, ist Karli, der dürre alte Knecht, der bis in die Spitze klettert, dort „wie e Vogel" auf einem Ast hockt, stillvergnügt. Wie groß diese Kirschbäume damals waren, furchterregend für Kinder! In der Tat, zwanzig oder sogar dreißig Meter Höhe war keine Seltenheit, bis zu tausend Kilo Frucht konnte einer tragen.

Aus dem Tal hört man die Geräusche der Rüttelmaschinen. Oben auf dem Sesterhof ist es ruhig. Nur Vogelgezwitscher und Bienengesumm sind zu hören.

Rechts: Karli, der Knecht. Er sang oft beim Kirschen pflücken.

GESTOHLENE SOMMERFERIEN

*I*n der Erinnerung der Sester-Töchter, die in den 1960er-Jahren geboren wurden, ist diese Zeit ambivalent. „Die wochenlange klebrige Schufterei" hat ihnen einen Großteil der Sommerferien gestohlen. Ein „Trauma", nennt es Martina, die jüngste. Andere Kinder konnten ins Schwimmbad gehen, während sie schwitzte und sich plagte und immerzu aufpassen musste, dass ihr kein Ohrenkneifer in den Gehörgang krabbelte. „Wir dachten, die würden uns das Trommelfell durchkneifen." Als Erwachsene hat sie lange keine Kirschen gemocht, „die konnten noch so rot und knackig aussehen." Andererseits verklären alle, genau wie die Mutter, dieses Erlebnis.

„Peterstäler, Dollenseppler, Benjaminler, Ritterkirsche,
Stöckemer Rote, Merkelrainer, Dolls Langstiel, Bruder Herz-
kirsche, Krächerle, Spitzköpf – in unserer Gegend hen mer gonz
viel Sorte g'het. Monchi hen noch dem Ort g'heiße, wo sie
herkomme, onderi noch ihre Eigenschafte.“

Kirschkerne spucken

Das Geschichten erzählen. Den Duft der hochreifen Kirschen, der überall war, in der Luft, im Gras, in den Kleidern, und die vom Saft roten Hände. Sie erinnern sich gern daran, wie sie sich den Bauch vollgeschlagen haben. An Kirschkern-Wettbewerbe – zuerst musste man so viele Kerne im Mund sammeln, wie rein gingen. Beim Ausspucken wurde laut gezählt. „Hundert, einhundert eins, zwei, drei …“ Weltmeisterin war Barbara, ihr Rekord waren hundertzwanzig Kerne. Rückblickend ist das Größte die gemeinsame körperliche Arbeit. „So etwas gibt es nicht mehr.“ Diese Art Gemeinschaft in der Familie, unter Nachbarn ist Vergangenheit.

„Mit dem Schüttler war das alles vorbei“, sagt Barbara Sester, die die ganze Entwicklung gut überblickt, weil sie Landwirtschaft studiert hat und heute Geschäftsführerin des Badischen Landwirtschafts-verlages ist. Um 1980 herum war das, da lief die Zeit der Kirsch-baumriesen ab. Sie wurden abgeholzt, oder man überließ sie ihrem Schicksal, bis die Äste, vermoost und morsch, von selber brachen. Die neue Generation von Bäumen ist viel kleiner und steht in Reih und Glied. Es gibt immer weniger Sorten, viele der alten, zum Beispiel die „Spitzköpf“, sind nicht schüttelfähig.

BRENNZEIT

Nachdem die Kirschen im Maischefass verschwunden waren, konnte man sie sich selbst überlassen. Im Spätjahr, oft erst nach Weihnachten, begann man mit dem Schnaps-Brennen. Die Arbeit selbst, sagt Agnes Sester, ist „ziemlich gmietlich“. Als elfjähriges Mädchen hat sie von

Das musste Agnes erst lernen. Beim Schnapsbrennen braucht man viel Erfahrung und Geduld. Die Arbeit selbst ist aber „ziemlich gmietlich".

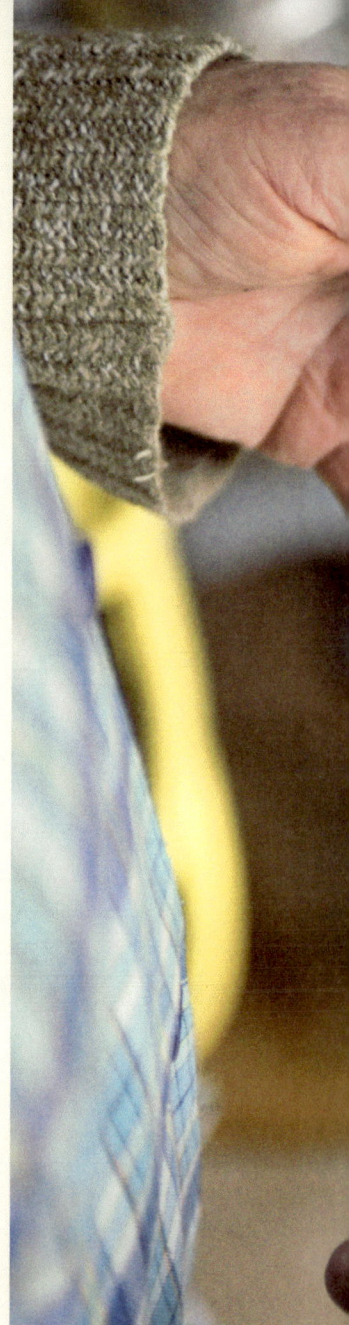

einem alten Nachbarn gelernt, wie es geht, jetzt, ein dreiviertel Jahrhundert später, macht sie es immer noch gern. In diesem Winter ist sie total in Verzug geraten, bis zum Sommer liegt noch Maische in den Fässern. So sitzt sie in der Julihitze in dem kleinen Raum, unten im Leibgedinghaus, bei offener Tür, und überwacht den Kessel. Temperatur kontrollieren, immer wieder den Alkoholgehalt messen, zwei Stunden dauert ein Brand – eine Kunst. Brennen ist Warten, und im rechten Moment besonnen handeln. In den Pausen häkelt sie. Däumchen drehen hat sie nie gekonnt und wird es wohl nie lernen. Oder sie liest ein Buch. „Des isch wirklich e scheeni Erbet."

EINE WIRTSCHAFTSWUNDER-GESCHICHTE

Siebentausend Kleinbrennereien gibt es heute noch, nirgends in Deutschland sind es so viele wie in der Ortenau. Die Existenz der zahlreichen landwirtschaftlichen Kleinbrennereien wird gestützt durch das seit 1919 geltende Branntweinmonopol. „Der Herrgott (und die Europäische Gemeinschaft) erhalte noch lange unsere Kleinbrennereien", ist in Publikationen des Bauernverbandes zu lesen. Nach Jahrzehnte langem Zittern und Zagen ist nun, wie es scheint, der Kampf verloren. 2014, spätestens 2017, sagt Brüssel, ist Schluss.

Herstellen, abfüllen, hübsche Etiketten drauf kleben, selbst vermarkten – viel Arbeit. Zu viel? Schnapstrinken ist längst aus der Mode gekommen. Die Zeiten, als die „Wässerli" Hochkonjunktur hatten, kennt Tochter Maria nur aus Erzählungen: Ihr Großvater Michael Sester auf dem Fahrrad mit Vollgummireifen, am Lenker zwei Korbflaschen mit Schnaps und noch eine im Rucksack, die vierte auf dem Gepäckträger, unterwegs ins fünfzig Kilometer und siebenhundert Höhenmeter entfernte Freudenstadt. Alles ohne Gangschaltung natürlich, nachts schlief er irgendwo im Pferdestall, um dann die Hotels

Eine wichtige Aufgabe beim Schnaps-brennen ist das Messen des Alkohol-gehalts. Außerdem muss der Kessel ständig überwacht werden. Schnaps-brennen ist eine Kunst.

Brandweinmonopol

Seit 1919 kauft die Bundesmonopolverwaltung für Branntwein Überschüsse der landwirtschaftlichen Bren-nereien auf, zu einem guten, subventionierten Preis. Die großen Mengen liefern Äpfel und Birnen, ohne Abnahme-garantie des Staates wären die meisten Brennereien nicht mehr existenzfähig. Wenn sie aufhören, sind die Obstwie-sen bedroht. Wer wird sie dann noch pflegen?

anzusteuern, die schon ungedul-dig auf seine Ware warteten und gutes Geld bereithielten. Eine Wirtschaftswundergeschichte, garantiert wahr – und heute so fern wie der Mond.

Maria will trotzdem weiter-machen, sie ist optimistisch. Und der „Kriese-Plotzer" – nicht wegzudenken. In diesem Jahr wird ihn Agnes Sester wieder backen. Im nächsten vielleicht auch, wer weiß. In ihrem Alter macht sie keine großen Pläne mehr. Beherzt greift sie in die Schüssel und füllt ein paar Kirschen in den Cherry-mat. Ein Ferienkind steckt den Kopf zur Küchentür herein. „Darf ich mithelfen?"

Kriese-Plotzer

Aus den Zutaten einen Mürbeteig herstellen, dann 30 Minuten kalt stellen.

MÜRBETEIG
200 g Mehl
150 g Butter
125 g Zucker
2 Päckchen Vanillezucker
1 Ei

Baguette mit dem Zucker in der Milch einweichen. Währenddessen die Butter schaumig rühren, langsam Zucker und Eier dazugeben, dann Kirschwasser, Zimt und Mandeln unterrühren. Mit dem ausgedrückten Baguette vermengen, und die Kirschen vorsichtig unterheben.

BELAG
½ Baguette
½ l Milch
2 Esslöffel Zucker
150 g Butter
100 g Zucker
2 Eier
4 Esslöffel Kirschwasser
(nur, wenn keine Kinder
mitessen, sonst mit
Kirschsaft)
1 Teelöffel Zimt
3 Esslöffel gemahlene
Mandeln
1 kg entsteinte Kirschen

Mürbeteig auswellen und in eine Form geben. Die vorbereitete Kirschmasse dazugeben und 60 Minuten bei 160 Grad backen.

„Fir uns isch des e Erinnerung an die gsellig Zit vun de Krieseschtreifet. Plotzer heißt der Kueche, viellicht will ma d' Kriese so in de Deig niee plotze losst. Ma konn d' Schtei vun de Kriese rusmoche oder drin losse. D' Kinder sage als au: Schpuckkueche."

Sommer-gäste

Von Stadtmenschen,

die sich auf dem Land

sehr wohlfühlen

„Ferien auf dem Bauernhof" war dertmols, 1960, ebbis gonz Neis. Mir hen gar nit g'wisst, was die Geschd us em Kohlepott bi uns welle. Un sie hen au nit gwisst, was sie bi uns so erwartet."

Die Binzmatt und die Welt

So eine Affenhitze ist selten in der Binzmatt. Schon zur Früh-patrouille hat die alte Gärtnerin ihren Strohhut aufgesetzt. Gießen, tränken, Most kalt stellen, das ist heute das Wichtigste. „Hen die au gnueg Wasser?" ruft sie Felicitas und Friederike, die gerade die Hühner füttern, zu. Die Mädchen aus Berlin nicken, nach getaner Arbeit verschwinden sie ins nahe Freibad. Die Feriengäste verziehen sich, einer nach dem anderen, dorthin oder in den Wald. Nur ein Kind bleibt, die vierjährige Clara. Sie streift durch den Garten, auf der Suche nach Abenteuern. Auf der anderen Seite des Zauns entdeckt sie einen Spielgefährten. „Komm, Sammy." Der dickfellige Hofhund,

Die Sommergäste aus der Stadt kennen viele Blumen gar nicht. Manchen öffnet sich eine neue Welt.

Rechts: Clara aus Berlin lernt Johannisbeeren pflücken.

der im Schatten des Walnussbaumes döst, blinzelt nicht einmal. „Sammy? Saaaaammy!" Unwillig schüttelt er die Hand des Kindes ab. „Faulpelz." Clara dreht sich Richtung Stall. „Emma! Emmaaaaa!" Irgendwo muss sie doch sein. Nichts – auch die anderen Katzen, Momo, Flöckchen und Filou sind wie vom Erdboden verschluckt.

Ein bisschen weiter nach links, bitte

$\mathcal{V}$on der Straße oben brummt es. Ein graues Auto fährt auf den Hof. Die große blonde Frau ist noch nicht ganz ausgestiegen, da steht Clara neben ihr. „So viele Taschen!" Hat nicht gestern jemand gesagt, eine Fotografin käme hierher? „Sie ist da!" Der Vormittag ist gerettet. „Komm raus, Frau Sester! Die Fotografin, die Fotografin!" Eine Viertelstunde später spazieren Agnes Sester und Clara zusammen durch den Garten, das Kind tänzelt um die alte Bäuerin herum. „Ein bisschen weiter nach links," bittet die Frau mit der Kamera. „Stopp, alles auf null, bitte. Und nur bis zur Stockrose gehen." Clara lächelt, wie es sich für Schauspielerinnen gehört, und zieht ihr kariertes Kleidchen in Form.

Agnes Sester ist an solche Prozeduren gewöhnt. Gartenjournalisten, das Fernsehen, wer nicht alles schon da war. Sollen sie ruhig kommen, Reklame ist für das Überleben des Hofes wichtig. Aber in der Hitze posieren, das müsste nicht unbedingt sein.

Die Sehnsucht der Städter

Ihr Leben vor der Öffentlichkeit zu zeigen, fiel Agnes Sester anfangs nicht leicht. Etwas preisgeben, das nur ihr und der Familie gehörte. Auf einmal zerfiel das Dasein auf dem Hof in zwei Teile: den eigenen, wechselvollen, mal dramatischen und oft eintönigen Alltag, und den Alltag, den man mit Fremden teilte und deren Erwartungen man zu erfüllen hatte. Wozu ganz wesentlich gehörte, den schönen Schein zu wahren, zumindest deren Illusionen über das Landleben nicht zu zerstören.

„Männer mit elegonte Anzüg und Fraue mit helle Koschtimli sind durch d'Binzmatt schpaziert und sin em Gardehag schteh blibe. Des Luschdigschde ware selli Kisse zum Ufklappe, wo sie demit uf d'Bänkli gsesse sin."

$\mathcal{V}$or mehr als einem halben Jahrhundert fing es an, im Jahr 1960. „Do war ich schwanger mit de Maria." In dieser schönen, euphorischen Zeit wurden sie und ihr Mann durch das Landwirtschaftsamt auf einen neuen Betriebszweig aufmerksam: „Ferien auf dem Bauernhof". Warum nicht? Mathias Sester baute die Getreidekammern und die Räucherkammer im zweiten Stock zu Zimmern mit fließendem Wasser um, Etagenbad und Küche dazu. Der Verkehrsverein in Gengenbach vermittelte ihnen Zechenarbeiter aus dem Ruhrgebiet – „die hen gueti Luft brucht." Urlaub, bezuschusst vom Arbeitgeber, etwas ganz Neues damals. Eines schönen Tages, im Juli, standen die ersten am Bahnhof. Mathias Sester hielt ein Schild hoch, auf dem der Name der Erwarteten stand, ein Ehepaar mit einem seltsamen, polnisch klingenden Namen. Agnes hatte nun eine neue Aufgabe, zu acht Uhr musste das Frühstück in der guten Stube gerichtet sein. Dafür musste sie die morgendliche Stallarbeit unterbrechen, sich waschen, umkleiden. Zum Servieren band sie sich eine frische – blütenweiße – Schürze um.

EIN GESPÜR FÜR DAS KOMMENDE

$\mathcal{V}$on vielen Landwirten wurden die Sesters belächelt. Es fielen Sätze wie: „Was welle ihr mit dene Luftschnapper!" Kommentare, die nicht unbedingt böse gemeint waren, sondern Verunsicherung ausdrückten. „So ebbs mocht kei Buur." Dahinter verbarg sich eine Identitätskrise, die bange Ahnung, dass sie bald die ganze Ortenau, und nicht nur die, erfassen würde. Land und Stadt, Bauer und Städter, das waren damals noch grundverschiedene Daseinsweisen.

Ferienkinder heute und in den Sechziger-Jahren, als die Sester-Mädchen noch klein waren. Alle Kinder lieben die Freiheit auf dem Hof und, dass sie mithelfen dürfen.

Von Jürgen, dem jungen Elektromonteur aus Castrop-Rauxel, der 1966 zum ersten Mal mit seinen Eltern und seiner Großmutter anreiste, wird immer noch erzählt: Er wollte mit aufs Feld, bei Hitze gern in Badehose. Ein halbnackter Mann zwischen älteren, gegen die Sonne vermummten Bäuerinnen, der bei allem Ehrgeiz mit ihrem Tempo beim Runkelrüben hacken nicht mithalten konnte.

Im ersten Stock des Backhiesli wohnen heute Feriengäste.
Unten, in der Backstube, steht ein neuer Ofen.

Es gab klar definierte Grenzen – unterschiedliche Charaktere und Werte, ein System von Vorurteilen, und all dies geriet nun in Fluss. Die Sesters wagten sich vor, sie hatten ein Gespür für das Kommende. Kleinere Höfe ringsum starben. Auch der Sester-Hof, mit seinen 22 Hektar ein „großer", könnte demnächst nicht mehr konkurrenzfähig sein. Kurgäste bringen Geld, war die nüchterne Überlegung.

ARBEIT UND HILFE ZUGLEICH

Und so kompliziert wie befürchtet, waren die Leute aus der Stadt gar nicht. Die meisten waren eher bescheiden, mit einem urigen Bauernvesper und einem Gläsle Schwarzwälder Kirschwasser zufrieden. Es machte ihnen Spaß, beim Heuen zu helfen oder beim Kirschen pflücken, sie schafften sich gewissermaßen die Unruhe, die sie von zu Hause mitgebracht hatten, aus dem Leib. Wie Urlaub geht, davon hatte kaum jemand Ahnung. Genau wie ihre Gastgeber waren sie Anfänger. Unvergessen ist ein Ehepaar Dunayski aus Duisburg, das mehrfach im Jahr kam. Er, ein Bergmann „unter Tage", machte sich jeden Morgen mit Feuereifer an die Arbeit im Stall. Danach ein Schnäpschen und ab, Holzstapeln mit Karli oder aufs Feld. Seine Frau konnte ebenso wenig Stillsitzen, Fegen und Wienern auf dem Bauernhof machte sie glücklich. Eine Weltmeisterin im Fensterputzen, was sie im Ruhrgebiet, wo die Luft schwarz von Kohlestaub war, täglich tat, und worauf sie im Urlaub nicht verzichten mochte. Außerdem eine Köchin vor dem Herrn, die die Sesters und alle, die gerade da waren, mit rheinischen Spezialitäten verwöhnte.

Agnes Sester sagt, diese aktiven Gäste seien eine Entlastung für sie gewesen. Maria und Monika wurden von ihnen spazieren gefahren, so konnte sie auf die Heuwiese, schnell mal aufs Amt. Nach der Geburt von Barbara und Martina war es genauso, es fand sich immer ein Babysitter. Die vier Töchter wuchsen mit den Fremden auf, schlossen Freundschaften.

„Denne Schtadtkinder muess ma alles zeige," sagte die kleine
Barbara oft. „Die wisse nit emol, was Sunnedriebili sin." Sie und ihre
Schwestern waren stolz, den Stadtkindern etwas erklären zu können,
dass die Milch von der Kuh kam, oder was der Unterschied zwischen
Heu und Stroh ist. Wenn ein Kälbchen geboren wurde, waren sie alle
miteinander im Stall und schauten zu.

Ein ausgedientes Weinfass, zum Planschbecken umfunktioniert.
Ein Versteck auf dem Heuboden, wo einen die Eltern nicht finden.
Oft war ein Dutzend Kinder beisammen, sie führten ein weitgehend
autonomes Leben. „Bis zum nächsten Jahr!" versprachen sie einander
am Ende des Sommers.

Freude und Leid liegen nah beieinander

Das eigene Familienleben, gibt Agnes Sester zu, hat schon etwas
darunter gelitten. Andererseits hatte es auf dem Bauernhof nie viel
Privatheit gegeben, vor allem im Sommer nicht. Ein Stück weit
ersetzten die mithelfenden Feriengäste die Erntehelfer von früher.
In der Begegnung zerflossen tatsächlich nach und nach die Grenzen
zwischen den Welten.

Feriengast Ingeborg aus Berlin kommt regelmäßig und ist eine gute Freundin geworden.

Die ersten Kurgäste aus der Stadt waren sehr fremd. Ihre großen Autos und schicken Kleider erregten Aufsehen.

Das verstärkte sich durch einen Schicksalsschlag: Mathias Sester wurde krank, bei einer Blinddarm-Operation wurden Tumore im Dünndarm festgestellt. Nach einem weiteren Eingriff schien es zunächst, als wäre er genesen. Doch nach einem Jahr traten starke Schmerzen auf. Krebs, stellten die Ärzte fest, höchstens ein halbes Jahr habe er noch, sagten sie zu Agnes – aber sie solle ihm bitte Hoffnung machen. „Ich hab nit glaube welle, dass unser Glick zerschtört isch." Die Siebenundachtzigjährige kämpft mit den Tränen. „Unsere Kinder ware doch noch so glei." In dieser fürchterlichen Zeit seien die Feriengäste eine gute Stütze gewesen.

Mathias Sester starb am 17. Dezember 1972, mit sechsundvierzig Jahren.

Retter in der Not

Gut vierzig Jahre danach ist der Sesterhof immer noch eine Attraktion für Städter. Im „Backhiesli" und dem „Hennestall" sowie im Haupthaus sind komfortable Ferienwohnungen entstanden. Die Gäste sind zum Teil noch dieselben, sofern sie nicht gestorben sind. Die damals Kinder waren, haben inzwischen selber Kinder, die Beziehungen gehen in die dritte Generation, einige sind zu Freundschaften geworden. Wie früher ist die Tür der Gastgeber offen, der Garten zugänglich für Gäste. „Du, Frau Sester, dürfen wir…?" Alle Augenblicke steht jemand auf der Matte. Clara, Friederike, Felicitas, Victoria, eine will eine Ritterburg aus Lehm bauen, die andere Himbeeren pflücken.

Eigentlich wollte Agnes Sester nach dem Tod ihres Mannes das Feriengeschäft aufgeben. Aber die Gäste sagten: „Wir kommen trotzdem und helfen dir, Agnes!" Allen voran eine Berliner Familie, die im Vorjahr das erste Mal Urlaub auf dem Hof gemacht hatte und wiederkam, um anzupacken. Der Mann war ein studierter Schiffsbauer, der gut mit Werkzeug umgehen konnte, später auch andere Männerarbeiten übernahm, etwa Rechen und Mistgabeln neue Stile verpasste. „Was kann ich tun, Agnes?" hieß es jeden Morgen. Jürgen, der Elektromonteur aus Castrop-Rauxel, war mit von der Partie, seit 1972 in Gesellschaft eines Arztes, Hermann.

„Wir kommen trotzdem Agnes und helfen dir!" Hen d' Feriegäschd gsait. Sie ware mir e großi Hilf noch em Dod vum Mathis. S' Huus, de Hof un de Garde un die vier kleine Maidli."

DIE GARTENRETTERIN

Vor der Schule mussten nun die zwölfjährige Maria und die zehnjährige Monika beim Melken helfen, auch die Kleinen hatten ihre festen Aufgaben. Es tat Agnes Sester leid, sie so belasten zu müssen. Doch sie erfuhren auch Unterstützung in den ersten Jahren von Verwandten, Mathias' ältere Geschwister und ihr Bruder Alfons schickten ihre Söhne zum Arbeiten, zum Pflügen, Eggen, Mähen. Ein Netzwerk,

„Sunnedriebili". Die Stadtkinder lernen viele Dialektworte. Wer könnte dabei schon auf die Johannisbeeren kommen.

das den Hof und die verzweifelte Agnes trug – Familie, Nachbarn, Sommergäste, viele von ihnen sind immer noch da.

Nur für den Garten reichte es damals nicht, er wäre fast zugrunde gegangen. Wäre nicht Oma Buß gewesen, die Mutter der Schwägerin Martha. „Sie het e guets Werg welle moche. Jeden Tag, erzählt Agnes Sester, sei sie hergekommen, um im Garten zu schaffen. "Sie het sogar de Zweck usgrottet. Un des isch schwer." Also den Giersch, das übelste aller Unkräuter, der mit seinen unterirdisch wuchernden Trieben Gärtner in die Verzweiflung treibt. Berta Buß, hoch in den Siebzigern, war eine Gründliche. Nutzpflanzen hatten für sie absoluten Vorrang, eine „Rolle rückwärts" also in ein vergangenes Zeitalter. „Sie het de Garde g'rettet."

Agnes vermisste die Blumen nicht, für deren Zauber hatte sie damals keine Augen. Feld und Stall nahmen sie von früh bis spät in Anspruch. Später fand sich eine andere Gartenhelferin, eine Künstlerin aus Freiburg namens Christel. Agnes Sester und sie hatten dieselben Vorlieben, der Garten machte nun wieder „ein oder zwei Rollen" vorwärts: Gemüse und Blumen, neben- und miteinander.

Im Sommer, wenn Christel Weiland mit Mann und Kindern in der Binzmatt Ferien machte, nahm sie den Garten unter ihre Fittiche. Wenn nötig, kam sie auch mal übers Wochenende zum Pflanzen und Ernten, oder vor Allerheiligen, die Beete abräumen.

HOLLYWOOD AUF DEM BAUERNHOF

Christels Mann Heribert Weiland war Politikwissenschaftler, der strich gern Stalltüren und Wände. Unter den Gästen waren, neben den Bergarbeitern, immer mehr Akademiker, Ärzte, Ingenieure. Alle waren gleichermaßen willkommen und sich verstanden sich untereinander. Nach der Arbeit saß man in der Gartenlaube zusammen, es wurde gegrillt, erzählt. Von Südafrika, wo der Politologe gerade gewesen war, der Schiffsbauer schilderte einen Segeltörn durch die Karibik. An solchen Abenden wurde die Binzmatt von der großen weiten Welt gestreift. Ein Geschenk, besonders für die heranwachsenden Töchter, das ihre Fantasie beflügelte und nicht ohne Einfluss blieb auf die Wege, die sie später einschlugen.

Von den „wilden Achtzigern", wie sie die Familie nennt, gibt es einige Super 8-Filme. Erinnerungen an zwei verrückte Sommer, in denen der Sesterhof Filmkulisse ist. Angestiftet von den Freiburger Gästen wird „Rotkäppchen" in die Szene gesetzt, eine wüste Parodie, in der der braune zottelige Hofhund den bösen Wolf gibt und jeder mitspielt, der Zeit und Lust hat. Im Jahr darauf verwandelt sich der Hof in die „Schwarzwaldklinik". Da werden endlose Gemetzel in der zum OP umfunktionierten Milchkammer veranstaltet, Knutschereien und Prügeleien im Heu. Ein Spiel, in dem Städter und Bauern zusammenwirken, nicht mehr voneinander zu unterscheiden sind. Mit Ausnahme von Agnes Sester, sie macht als Statistin mit, in ihrer lila Kittelschürze. Melkt auf der Wiese eine Kuh, mal brettert sie mit dem Traktor durchs Bild – ein dokumentarisches

Einige Sommer lang war der Garten Filmkulisse. Inszeniert von Feriengästen und Bewohnern des Sesterhofes. Das waren wilde Zeiten.

Intermezzo. Festgehalten ist auch eine Liebesgeschichte: Der junge Mann mit Jägerhut, der im Film beim Fensterln von der langen Leiter fällt, ist Ernst Harter, die angebetete Krankenschwester Maria Sester. Ein verliebtes Paar auch im wirklichen Leben. Damals zeichnete sich schon ab, dass sie den Hof übernehmen würden.

$\mathcal{D}$ie Zeit der urlaubsunkundigen Bergleute war längst vorbei. Das Feriengeschäft lief immer besser. Inzwischen hat Maria Harter es ausgeweitet und professionalisiert. „Fit im Landtourismus", so oder ähnlich hießen die Kurse des Bauernverbandes, in denen sie lernte, wie „alles richtig gemacht" wird: Ausflugsprogramme und Kräuterkunde für Gäste, Rhetorik und Stilkunde für die Gastgeberin. Computerkurse, Gestaltung einer eigenen Homepage, immer Neues. Was erwarten Gäste im 21. Jahrhundert von einem Grillabend?

An diesem Abend heizt Maria Sester den Holzofen im Backhaus an, obwohl es noch immer drückend warm ist. Brotbacken ist eine der Attraktionen, und danach: Datschkuchen. Die Berliner Kinder warten schon darauf, auch Clara. Jedes darf seinen eigenen belegen, zuschauen, wie er im Dunkel des Ofens verschwindet, Minuten später wieder auftaucht, duftend und knusprig.

Brot und Datschkuchen

Brot nach Sester Art

2 kg Mehl (Type 700)
1 Würfel Hefe
1,5 l lauwarmes Wasser
(eventuell halb
Buttermilch)
45 g Salz

✿ Mehl in eine Schüssel geben. Mit der Hefe und etwas Wasser einen Vorteig herstellen und zugedeckt ca. 1 Stunde ruhen lassen.

✿ Dann das Salz und die restliche Flüssigkeit dazugeben und alles zu einem geschmeidigen Teig verarbeiten. Den Teig dann 1,5 bis 2 Stunden gehen lassen. Brote formen und nochmals 45 Minuten im Holzofen oder Backofen backen.

Datschkuchen

Vom Brotteig werden kleine Kugeln von etwa 8 cm Durchmesser geformt und dann mit der Hand flach „gedatscht". Darauf verteilt man Sauerrahm, der mit Salz und Pfeffer abgeschmeckt ist, kleingeschnittenen Speck, geriebenen Käse und nach Belieben Zwiebelringe. Dann werden die Datschkuchen im Ofen etwa 10–15 Minuten gebacken.

„Bi uns uf em Hof g'hert beides zemme: s' Brod bache und uum selbe Deig Datschkueche mache, ma sait au d' badisch Pizza. Sie isch so ähnlich wie de Elsässer Flommekueche. Mir sin jo on de Grenz, do het mer viel, wo ähnlich isch. Beides kummt urschpringlich us em Holzofe."

Die Natur und der liebe Gott

WIE DANKBARKEIT UND
FREUDE IN EINEN STRAUSS
AUS BUNTEN BLUMEN
GEPACKT WERDEN

Der Höhepunkt des Sommers

„Ich glaub dron, dass de liebe Gott alles lenkt, au im Garde.
Des verschtehn die meischde Mensche nimmi, wege dem schwätz
ich au nit driber. De scheenschde Dag im Gardejohr isch
fir mich Maria Himmelfahrt".

In der steinernen alten Viehtränke, links neben dem Gartentor, stehen gebündelt, in Reih und Glied, Kräuter und Blumen. Auf ihren Köpfen funkelt Tau. Anscheinend hat jemand am Vorabend angefangen zu sammeln. Heute geht es richtig los, vor dem Frühstück schon ist Agnes Sester mit der Rebschere im Garten unterwegs. Schnipp – drei gelbe Dahlien sinken zu Boden, schnipp-schnapp – ein halbes Dutzend Zinnien fallen. Die Bäuerin verschwindet zwischen den Goldrauten, für einen Moment sieht man nur schwankende gelbe Stauden – eine halbe Minute später sind sie niedergemetzelt. Die Feriengäste erscheinen am Zaun: „Wir helfen, Agnes! Wir helfen!"

BLUMENRAUSCH

Es ist der 14. August, der Tag vor Mariä Himmelfahrt. Blau und spätsommerlich mild, die Luft getränkt vom strengen Duft der Sommerblumen. Blüten, abgeschnittene Stängel, abgerupfte Blätter verströmen ihn, eine ganze Symphonie, reicher noch als die der Farben. Die alte Sesterin, die gestern Abend lauthals verkündet hatte, „Ich will mi nimmi so oschtrenge wie letschd Johr", hat ihren Vorsatz vergessen und wirft ihre Krücke in die Buchsbaumhecke, um sich hinunter zu bücken. Ein Fest, bei dem der Garten die Hauptrolle spielt, und darüber hinaus die ganze August-Landschaft. Genauer gesagt, ein religiöser Brauch. Für Agnes Sester, die ihn seit frühester Kindheit praktiziert, ist der religiöse Sinn immer noch das Wichtigste: All dies geschieht zu Ehren von Maria, der Gottesmutter. Zu den Gästen redet sie darüber nicht, die sind oft evangelisch oder noch öfter gar nichts. Mit dem Glauben geht man nicht hausieren, er ist heute etwas sehr Privates, ähnlich wie die Sexualität in verklemmten Zeiten.

Zu Mariä Himmelfahrt werden die Blumenbeete geplündert. Es werden Unmengen von Blumen für die Kräuterbüschel gebraucht.

Im Sammelfieber

Den ganzen Tag dauert die Aktion. Unterbrochen nur von Mahlzeiten, kurzen Phasen der Erschöpfung. Auf dem gepflasterten Platz vor dem Kuhstall sind Biertische aufgebaut, auf ihnen türmen sich die Gartenblumen. Noch immer sind es nicht genug. Es fehlen die wilden Schwestern vom Ufer des Baches, den Magerwiesen, Wegrändern. Wegen Agnes Sester, die nur kurze Strecken laufen kann, wird eine Autotour unternommen. Barbara Sester, inzwischen mit ihrer Tochter Joséphine aus Freiburg gekommen, fährt. Anhalten, aussteigen, einen Arm voll Schafgarbe in den Kofferraum laden. „Keine Wiesenglockenblumen", seufzt Agnes Sester, vielleicht sind sie schon verblüht. Oder andere waren schneller, halb Gengenbach ist heute im Sammelfieber. Dafür findet sich reichlich wilde Möhre. Von allen Schönheiten die anmutigste – schwankende, voll entfaltete Dolden in sanftem Weiß, teils gelblich, wie kleine Vogelnester in sich zusammengezogen. Krücke weg, die Rebschere gezückt, schnipp-schnapp, wieder mal steht Agnes Sester freihändig da. „Minni Beute", sagt sie, strahlt und klemmt sich das Büschel unter die Achsel.

VERGÄNGLICHES MATERIAL

Derweil ist die Gesellschaft auf dem Hof größer geworden. Jetzt schlägt die Stunde des Handwerks, man könnte auch ohne Übertreibung sagen: der Kunst. Regie beim Kräuterbüschel binden hat Maria Sester, ihre Schwester Barbara assistiert, die anderen arbeiten ihnen zu. Wegen der Vergänglichkeit des Materials ist Eile geboten. Entschlossen greift Maria hinein – fürs Innere etwas Leuchtendes, ein Zierstrauch mit gelborangenen Beeren, dann eine Runde weiße Margeriten, als nächstes kleine hellrote Rosen im Wechsel mit rosa Phlox. Als Kontrast wieder Weiß? „Was meint ihr?" Also Schafgarbe! Kurze Stiele, lange Stiele, die gebändigt und mit Bindfaden fixiert werden müssen. Der Blütenteppich muss dicht gewebt und topfeben sein. „Fette Henne, bitte!" Barbara reicht Maria die Gewünschte mit den silbrig grünen, fleischigen Blättern an. „Fette Henne gibt Stand."

In der alten Viehtränke werden die Blumen frisch gehalten. Alles muss für das Binden gut vorbereitet sein und bereit liegen.

Am Nachbartisch wirkt Agnes Sester. Sie streift mit den Händen die Blätter vom Rainfarn ab, kürzt die Stiele ein. „Mochsch du die Ringelblueme, Phinchen." Enkelin Joséphine und deren Halbschwester Emily sind nicht ganz bei der Sache: „Ja, ja.", rufen sie und sausen erst mal den Katzen hinterher. „Zinnie fehle!" Auf Marias Kommando setzt sich Barbara in Marsch. Gefolgt von ihrer Mutter, die ein „Ich hab doch glich g'wisst, dass es nit longt", brummelt. Auf zu den Zinnien, den Astern, Nachschub besorgen. Goldrauten wären noch da, Kamille. Bestimmt fehlt noch Wermut, man braucht Unmengen davon. Einige Spaziergänger gucken übern Zaun, verwundern sich. „De Garde wird usgmust!" Der Garten wird geplündert, bestätigt Agnes Sester und winkt ihnen mit der Schere zu.

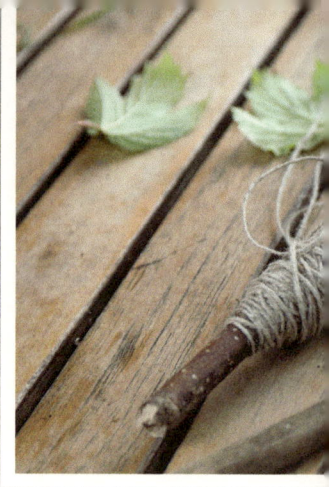

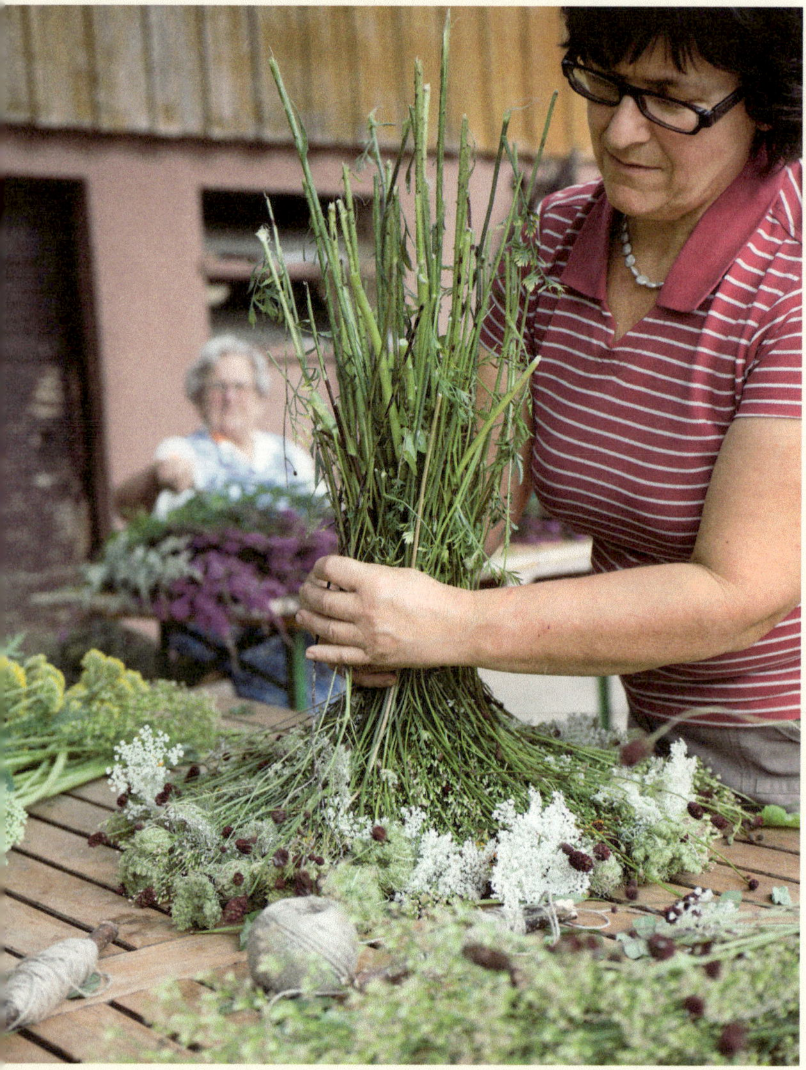

Bäuerin Maria, die älteste Tochter, führt Regie beim Binden der Kräuterbüschel. Agnes wirkt im Hintergrund. Die Technik hat sich bis heute kaum verändert. Es werden viele Hände benötigt, bis ein großer Strauß fertig ist.

Rechts unten: Agnes 1958. Ihr Strauß war der größte. Lange Zeit war es ihr Ehrgeiz, zu den besten zu gehören.

Sämtliche Feriengäste sind im Blumenrausch, unter den Tischen häuft sich der Grünabfall. Vierzig Zentimeter Durchmesser hat Marias Strauß, er liegt auf der Schauseite. Zwei Hände reichen zum Binden der Stiele nicht mehr aus, beide Schwestern umfassen sie. Jetzt muss vierhändig gearbeitet werden. Schwere körperliche Arbeit, auf etwa achtzig Zentimeter Durchmesser soll das Kunstwerk anwachsen. Ein Stadtmädchen reicht das Garn an. Eine Runde

rote Zinnien, dann weiße Kamille, dann gelber Rainfarn. „Un was nemme mer jetzd?" Für den äußeren Rand liegen Goldrauten, Weideröschen und wilde Möhre bereit, sie sollen einen duftigen Kragen bilden. Zuallerletzt: das filigrane Wermutkraut, in seinen Farben, grün grau und blass gelb fast unscheinbar, mit seinem betörenden Duft, der alles übertrumpft.

ÜBER DIE GESCHICHTE EINES BRAUCHS

„Fege", ordnet Agnes Sester an, „Mir miesse widder fege." Sie hilft den Kindern bei ihren Kräuterbüscheln. „Des hab ich schun als Kind g'mocht." Nach dem Vesper kramt sie alte Fotos raus, sie als Mädchen, Mariä Himmelfahrt 1938, als junge Frau 1952. „So klei sind d' Schtriss gsi als!" Auf den nächsten Bildern sind die größer, „un immer greßer wore, jedes Jahr." Später, in der Laube, wird sie laut darüber nachdenken, wie und warum der Brauch „so andersch wore isch."

Begonnen hat es nach dem Zweiten Weltkrieg: Irgendwann hatten die Gengenbacher keine Zeit mehr, Kräuterbüschel zu binden. Zum Gottesdienst, wo sie geweiht wurden, erschienen immer weniger Gläubige mit Kräuterbüscheln. Bis die Stadt Gengenbach einen Wettbewerb auslobte, bei dem die besten Büschel prämiert werden sollten. Das bedeutete, sich für neue Ideen und wechselnde Moden zu öffnen und sich abzuwenden von der alten Tradition, nur Heilkräuter zum Binden zu nehmen. Gartenblumen wurden nun zugelassen, Größe spielte eine Rolle. Agnes Sester war vorneweg, getrieben von Ehrgeiz räumte sie jedes Jahr Preise ab. Indem sich der Brauch verweltlichte, überlebte er. Mariä Himmelfahrt ist heute eine feste Größe im Touristengeschäft, die Presse tanzt an, „Gonz viel Kameras uf em Marktplatz."

Für die Nacht ist Tau vorhergesagt, gut für die Kräuterbüschel. Sie bleiben draußen. In Milchkannen, Eimern, Töpfen stehen sie unter dem Schlafzimmerfenster von Agnes Sester. Und der Garten? Liegt da im Schein des halben Mondes, erschöpft wie nach einer Schlacht.

Kräuterbüschel nach Gengenbacher Art

Früher durften nur Heilkräuter in den Strauß gebunden werden, heute auch Gartenblumen, Ähren, Beeren – alles, was schön ist.

Die Stiele sorgfältig von Blättern befreien.

Auf dem Tisch binden, die Blumenköpfe liegen auf der Platte, der Strauß soll möglichst flach werden.

Für die Mitte kleine, feste Blumen verwenden. Die Stiele kräftig umwickeln. Runde für Runde binden, Farben abwechseln, miteinander abstimmen. Für guten Stand immer wieder Blumen mit kräftigen, langen Stilen nehmen. Die kurzstieligen besonders gut umgarnen.

Je größer der Strauß, desto mehr Hände braucht man. Eine Binderin allein kann das nicht schaffen.

Für die äußeren Runden nimmt man lockere, ausladende Blumen wie Wermut und Goldraute, der Rand soll wie ein Volant aussehen.

Mariä Himmelfahrt

Ohne Gottes Segen zu gärtnern, war in Agnes Sesters Kindheit undenkbar. In den Abendgebeten ging es oft um Garten und Feld: Möge der liebe Gott Gemüse und Früchte behüten. Möge Petrus Regen schicken. Nach Ostern gab es „Bitttage", da wanderte die ganze Pfarrgemeinde „aufs Bergli" hoch, mit Kreuz und Fahne, um für gutes Wachstum zu beten. Täglich, bis in den September hinein, wurde im Gottesdienst der Wettersegen erteilt: „Halte Ungewitter und Hagel, Überschwemmung und Dürre, Frost und alles, was uns schaden mag, von uns fern." Man konnte die Jungfrau Maria anrufen, oder St. Wendelin, den Schutzpatron der Landleute. Oder sich an alten Bauernweisheiten festhalten: „Scheint zu Agnes die Sonne, wird später die Ernte zur Wonne." Diese Heilige hatte zwei wichtige Aufgabenbereiche, sie war zuständig für die Gärtner, außerdem für die Jungfrauen – diese Kombination gefällt der katholischen Bauerntochter Agnes bis heute.

Mariä Himmelfahrt mochte sie immer ganz besonders, das alte Ritual und die dazu gehörige Legende, die sie in der Schule lernte. An diesem 15. August wird die Gengenbacher Stadtkirche voll wie sonst nur zu Weihnachten. Vom barocken Turm läuten dunkel und feierlich die Glocken. Auf dem Parkplatz davor öffnen sich Kofferräume, ein Kräuterbüschel nach dem anderen wird ausgepackt, vorsichtig geschultert. Manche haben mehr als einen Meter Durchmesser, da braucht man zwei starke Männer zum Tragen. Durch ein Spalier von Schaulustigen hindurch schreiten sie ins Gotteshaus. Den größten

Alte Tradition

Die religiöse Tradition der Kräuterbüschel, die mancherorts auch Kräuterbuschen heißen, fußt auf einer Legende: Am dritten Tag nach dem Begräbnis Mariens, heißt es, haben die Apostel ihr Grab besucht, daraus sei ihnen köstlicher Wohlgeruch entgegengeschlagen. Statt ihres Leichnams fanden sie Rosen und Lilien darin, und ringsherum viele Heilkräuter, die Maria so geliebt hatte.

Posieren in Gengenbach. Die Töchter Maria und Barbara, Enkelin Joséphine
und deren Halbschwester Emily, neben Agnes Sester.

Büscheln weisen Ordner einen Platz vor dem Altar an, der von Maria
Harter steht auch da. Die ganze Familie Sester sitzt vorn, die ersten
Bänke sind für die Akteure reserviert, Gemeindemitglieder, alteinge-
sessene Gengenbacher meist. Dahinter die große Masse der Touris-
ten, gekaufte Sträußchen in den Händen.

Die ersten frösteln schon in ihren Sommerkleidern und kurzen
Hosen, da beginnt die Orgel zu spielen. Sie stimmt das alte Mari-
enlied an: „Sagt an, wer ist doch diese, die auf dem Himmel geht."
Einige wenige singen mit, „die überm Paradiese als Morgenröte
steht." Das Publikum hinten schweigt. Man schaut umher, hoch zu
den Engeln im Gewölbe und immer wieder auf die Kräuterbüschel.
Welcher ist der Schönste?

Agnes Sester lauscht, mit geschlossenen Augen. Beim „Gegrüßet
seist du, Maria" ist ihre Stimme eine der kräftigsten. „Du bist voll der
Gnade." Weihrauch steigt auf, und plötzlich stehen alle, sehen erwar-
tungsvoll dem Pfarrer entgegen, der durch den Mittelgang schreitet,
flankiert von vier Messdienerinnen, und geweihtes Wasser sprengt.
Tropfen fliegen auf Bänke, Stirnen, Hände, ein paar erreichen tatsächlich die Kräuterbüschel.

Stolz der Bäuerinnen

Nach dem Schlusslied drängen alle aus der Kühle der Basilika ins Freie. Die Kräuterbüschelträger formieren sich zu einer Prozession Richtung Rathaus. Und löst sich bald in fröhliche Grüppchen auf, die vor der Kulisse der alten Reichsstadt posieren. Von überall her ruft es „Grüß Gott". Man kennt sich. Mittendrin humpelt Agnes Sester, alle Nase lang hält jemand sie an. Als sie das Rathaus erreicht, ist der weltliche Teil des Festes längst im Gange. Auf der Treppe eine Galerie von gigantischen Kräuterbüscheln, umringt von Juroren, die jeden kritisch beäugen, betasten, etwas notieren. Über hundert Frauen sind angetreten. Mannigfaltigkeit und Farbharmonie wird bewertet, genügend Kräuter müssen dabei sein, mindestens sieben verlangt die Tradition. Die Bindekunst zählt, es wird geprüft, ob unerlaubte Hilfsmittel wie Tortengitter verwendet wurden, um dem Gebilde Stand zu geben. Fünfundzwanzig Punkte erobert Marias Kunstwerk, den achten Platz. „Immerhin." Sagt Agnes Sester und prostet der Tochter zu. Sicherlich bedeutet diese Ehre weniger als früher, aber trotzdem: Es geht auch um den alten Bäuerinnen-Stolz.

WAS MIT DEN KRÄUTERN GESCHIEHT

Auf dem Rückweg ist Agnes Sester ungewöhnlich still. Der Rest des Tages vergeht träge, nur das Nötigste wird getan.

In den nächsten Wochen müssen die geweihten Kräuter trocknen, dann werden sie in kleine Sträuße geteilt. Einer für den Herrgottswinkel, ein paar werden im Stall aufgehängt, zum Schutz des Viehs vor Krankheiten. Etwas bleibt in Reserve, wird zum Beispiel bei einem schweren Gewitter verbrannt, das hält nach altem Glauben die Blitze fern.

Das einst Wesentliche, die heilende Wirkung der Kräuter, ist Vergangenheit. Agnes Sesters Garten ist keine Apotheke mehr. Salbei bei Erkrankungen der Atemwege, Fenchel gegen Blähungen, Wermut zur Anregung des Appetits und Förderung der Verdauung, das eine oder andere hat sie bei ihren Kindern noch eingesetzt. Lange noch hat sie

Johanniskraut-Öl hergestellt, „Des isch s' Beschde bi kleine Wunde, wenn e Kue sich verletzt het oder au e Mensch."

Erschöpft sitzt sie auf der Bank vor dem Haus und blickt über den geplünderten Garten. Und erhebt sich dann mit einem kleinen Seufzer. „Mariä Himmelfahrt isch de Höhepunkt vom Summer. Denoch geht's bergab, d' Nächt were kiehler, d' Zit isch um, wo mer barfuß läuft."

Die Kräuterbüschel bleiben bis zum nächsten Jahr im Stall hängen. Die geweihten Büschel sollen Haus und Stall vor Gewitter und Unheil schützen.

Johanniskraut-Öl

Zur Mittsommerzeit beginnt die schon in der Antike bekannte Heilpflanze Johanniskraut (*Hypericum perforatum*) sonnengelb zu blühen. Für das Johanniskrautöl eine Tasse Blüten abzupfen, in ein großes Einmachglas geben und mit einem Liter Sonnenblumen- oder Rapsöl aufgießen. Gut verschlossen an einem sonnigen Platz fünf bis sechs Wochen stehen lassen, bevor die Blüten abgeseiht werden. Das Öl hilft gut bei Muskelschmerzen und Verspannungen.

Lust auf Neues

Wie Zucchini und Auberginen Einzug in den Garten hielten

Was kommt als nächstes?

„Ich bin eigendlich schun immer wunderfitzig g'si, ich hab alles usprobiert. Monches het's due, monches ebe nit. In letschder Zit, b'sinn ich mich widder me uf die Traditione."

In der Nacht hat es mächtig geblitzt und gedonnert, doch das Gewitter ist nicht über den Bellenwald hinausgekommen. In der Binzmatt ist nicht ein Tropfen Regen gefallen. Agnes Sester prokelt mit dem Fuß in der Erde. Gießen oder nicht? Laut Wetterbericht soll es wieder warm werden, deutlich über zwanzig Grad. Seit einigen Tagen liegt unter der Wärme eine kleine kühle Strömung. Der Altweibersommer ist da. Spinnweben schweben durch die Luft, ihre Fäden verbinden Blumen und Sträucher, überall feine, klebrige Gespinste. Agnes Sesters kann sie erkennen, sobald die Sonne darauf scheint. „Mini Auge

Gartenmöblierung ist etwas Neues. Das hat es früher nicht gegeben.

Das Gewächshaus hat sich Agnes Sester vor zwölf Jahren zugelegt. Die Gurken gedeihen prächtig darin.

sind guet, besser als mini Hüfte." Die Frühpatrouille vollzieht sich heute im Schneckentempo. Immer wieder bleibt sie stehen, verharrt Minuten lang, humpelt dann weiter. Ein, zwei Schritte. Sie registriert die Pflanzlücken links und rechts der Wege: Der grüne Salat ist zur Hälfte abgeerntet. Das Erbsenbeet ist frei geworden, Maria hat es gestern abgeräumt. Die Lücken, die bei der Plünderung der Blumenrabatten zu Mariä Himmelfahrt, gerissen wurden, sind nur teilweise zugewachsen. Platz für Neues also, jetzt oder später. „Ich hab gern neii Sache." Sagt sie oft. Ihr Garten erzählt tausend Geschichten davon.

DIE GRÜNE REVOLUTION

Agnes Sester ist Zeitgenossin der „grünen Revolution". Diese gewaltige Bewegung für eine moderne Hochleistungslandwirtschaft begann, als sie eine junge Bäuerin war – in West-Europa und Amerika, schließlich weltweit. Sie und ihr Mann waren begeistert davon. „Mir ware immer vorne debii." Natürlich blieb der Garten davon nicht unberührt. Das kleine Stück Land vor ihrer Haustür wurde, ebenso wie die Felder und Wiesen, von der neuen Zeit erfasst. Eine der ersten wunderbaren Verführungen: die Samentütchen, die im Raiffeisen-Markt und bald überall zu kaufen waren, „un des isch nit emol dier."

Von Hybriden und samenfesten Sorten

Saatgut für Gemüse und Blumen, in sauberen, hübsch aufgemachten Tütchen, hergestellt von großen Firmen, weit entfernt von der Ortenau, in Holland oder im Süden Frankreichs. Damit entfiel das eigene mühsame Vermehren, der Austausch unter Nachbarinnen, Freundinnen. Das alte „Gibbsch du mir, gib ich dir" und die damit verbundene Geselligkeit. Für Agnes Sester, die immer in Arbeit ertrank, Bäuerin und Mutter von vier Kindern, war die Erleichterung hoch willkommen.

> *„Die Suumepäckli ware guet. Aber de Suume kummt vun irgendwo her. Ma konn nix me verzehle: die Bohne sin vun minere Oma odder die Malve vun de Dante Marie."*

Es dauerte viele Jahre, Jahrzehnte, bis Agnes Sester Zweifel kamen. Vor allem im Tomatenbeet beobachtete sie Dinge, die ihr nicht gefielen. „Frieher hemmer bis in de November ni gsundi Tomade g'het." Die hochgezüchteten Arten dagegen wurden vor der Zeit braun und faulten. „Hybride" – nach und nach begriff sie die Bedeutung dieses Wortes. Nicht zuletzt durch ihre Tochter Barbara, die in Hohenheim Landwirtschaft studierte und ihr immer wieder die großen Zusammenhänge erklärte: Erstens, wie abhängig sie durch das fremde Saatgut wird. Zweitens die regionale Vielfalt der Kulturpflanzen schwindet. Drittens die Gefahr besteht, dass genetisch manipulierte Saat die Ökologie des gesamten Planeten verändern könnte.

Eine Biogärtnerin ist Agnes Sester trotzdem nicht geworden, doch sie ist nicht mehr nur auf Hybridsaatgut aus. Günter, einer der Mieter, der seit vierzig Jahren nebenan im Leibgeding-Haus lebt, gibt ihr mitunter Setzlinge ab. Mal lässt sie sich von Barbara ein Tütchen aus dem Samengarten Eichstätten am Kaiserstuhl mitbringen. Oder sie nutzt die Gelegenheit, über die bulgarischen Freunde Saat für „Ochsenherzen" zu ergattern, die riesigen, dünnschaligen, bläulich schimmernden Tomaten mag sie sie sehr.

*Agnes Sester und „Phinchen". Heute gibt es Rata-
touille, da wird eine Menge Gemüse gebraucht.*

*Jungpflanzenanzucht – mit gekauften Samen.
Agnes' Hände sind nicht mehr ganz so geschickt wie
früher.*

Samenfeste Sorten

Hybridsaatgut wird oft angeboten und liefert hohe Erträge –
ein Fortschritt für Landwirtschaft und Gartenbau. Allerdings
sind die Samen oft unfruchtbar und taugen für die Aussaat
im nächsten Jahr nicht; keimen einige davon doch, so ist
der Ertrag meist viel geringer. Bei samenfesten Sorten ist
das nicht der Fall. Alte Lokalsorten und Sorten, die nicht der
Hybridzüchtung entstammen, bilden keimfähige Samen, die
auch wieder guten Ertrag bringen.

In ihrem persönlichen Umkreis, sagt sie, gäbe es kaum noch eine Gärtnerin, die Saatgut vermehre. Nur ihre Schwägerin, die bewahre eine alte Bohnensorte, dicke, gesprenkelte Dinger, die sie als Kinder „Rollerbohnen" nannten. „I fang da nimma mit an", brummelt Agnes Sester. „Nit ernsthaft, aber...", sie lacht, verdreht die Augen, „Des isch so es Sach mit de Natur." Später, im Gewächshaus, präsentiert sie eine Handvoll getrockneter Stangenbohnen. 'Negro', nennt sie die Sorte. Wie und woher sie zu ihr kam, hat sie vergessen. Jedenfalls ist sie seit zehn Jahren im Garten Zuhause. Sie wird so hoch, dass man

Selbst vermehrte Bohnen, Sorte 'Negro'. Beim Ernten wird immer schon an das nächste Gartenjahr gedacht. Die dicken Zucchini kriegen die Hühner.

an der Spitze unmöglich ernten kann. Die obersten bleiben hängen, und wenn die Stangen im Herbst abgeräumt werden, greift sie zu. „Ich muss sie bloß abzupfe.“

Zur Avantgarde der grünen Revolution gehörte damals auch die „Badische Bauern Zeitung“. Woche für Woche trommelte sie: „Schluss mit dem Sortenwirrwarr!“. Ob es um Bohnen ging oder die Ortenauer Kirschen. Chemie gegen Blattläuse war die Parole. Man informierte über die neueste Preissenkung für „Roundup“, des Breitbandherbizids der Firma Monsanto. Und druckte Anzeigen der Raiffeisen-Genossenschaft, die da lauteten: „Diebe muss man fangen, wenn sie noch klein sind! Unkraut ist wie ein Dieb. Es stiehlt unseren Kulturpflanzen Licht, Luft und Nährstoffe. Unkraut bekämpft man am besten, wenn es noch klein ist. Setzen Sie jetzt Dosanex, Dicuran oder Mundekan ein.“ Agnes Sester hörte an sich gern auf den Rat der Bauernzeitung, doch auf diesem Ohr war sie schwerhörig. Unkraut-Vernichter? Nicht im Garten! Bis auf gelegentliche Ausrutscher blieb sie konsequent.

Gartenwege aus Beton

Es konnte einem schwindlig werden vor lauter Neuem. Lautstark, mit Argumenten von Experten, wurde es in jedem Winkel der Erde bekannt gemacht. Auch in der Binzmatt – als Bäuerin, als Gärtnerin musste sich Agnes Sester damit auseinandersetzen und ihre eigenen Entscheidungen treffen. Einen Ratschlag vom Landwirtschaftsamt, erinnert sie sich, befolgte sie damals mit fliegenden Fahnen: die Gartenwege umbauen, „eine Riesenarbeitsersparnis", hieß es. Der Gedanke gefiel ihr ungemein, denn nichts hasste sie so sehr wie das Unkrautjäten auf den gestampften Wegen. Schon als kleines Mädchen war ihr diese Arbeit zuwider.

*Ein behutsam modernisierter
Bauerngarten. Auf den ersten
Blick ist nicht zu erkennen, was
sich alles verändert hat.*

*In den Fünfziger-Jahren trägt
Agnes bei der Arbeit noch ein
Kopftuch.*

*„Wegli hacke – des alde Thema. Ich habs welle loswere,
aber ich habs nit g'schafft."*

MIT AMTLICHER UNTERSTÜTZUNG

Dreißig Jahre später, 1964 oder 1965, war die Stunde gekommen, das Thema noch einmal aufzurollen – mit amtlicher Unterstützung und Beratung. Der Garten, traditionell in acht, von Buchsbaum gesäumte Beete geteilt, mit entsprechend vielen Wegen, wurde auf zwei große Stücke reduziert.

Eins rechts und eins links vom Eingang, dazwischen ein Hauptweg. Dieser sollte dann in einem zweiten Schritt befestigt werden. Mathias Sester machte das selbst: Wände einschalen, Kies und dann Schotter einfüllen, darüber eine dünne Betondecke. „Sehr zweckmäßig", kommentiert Agnes Sester. Anscheinend leuchtet ihr das Unternehmen immer noch ein.

Obwohl sie es mittlerweile rückgängig gemacht hat, wieder einer neuen Mode folgend. In den Gartenzeitschriften, die sie las, war eines Tages die Nostalgiewelle ausgebrochen. Der traditionelle Bauerngarten wurde wieder entdeckt und gefeiert. Dieser hätte zwei sich kreuzende Wege und in der Mitte ein Blumen bepflanztes Rondell. 2005 war das Zeitalter des Betons im Sester-Garten, es dauerte vier Jahrzehnte, zu Ende. Letzter Anstoß war der „Tag des offenen Bauerngartens", den ihre Tochter Barbara organisierte.

Jürgen war ein leidenschaftlicher und kundiger Gärtner, der von jeder Pflanze den lateinischen Namen kannte. Agnes Sester, die in ihrem bisherigen Leben ganz gut ohne Fremdsprachen ausgekommen war, lernte sie von ihm. „Des war es gonz neii Weld, Erythrina crista-galli. Des hert sich scheen o. Des isch de Koralleschtrauch." Eines Tages hatte Jürgen ein Exemplar davon mitgebracht. „Der Julpenbaum, der Liriodendron tulipifera, der isch au vum Jürgen."

*D*er Hauptweg wurde mithilfe eines Landschafts-architekten rückgebaut, der Garten neu eingeteilt, vier statt zwei Beete, die beiden Wege mit grauem Verbundstein gepflastert und an den Rändern mit Buchs eingefasst. Ums Rondell herum wurden eini-ge Kreise von buckligen alten Kopfsteinen verlegt, die nutzlos auf dem Hof herumgelegen hatten. Zwi-schen ihnen sprießt seither munter das Unkraut, an der Schattenseite breiten sich Moospolster aus – mehr Arbeit. Die Schönheit hat bis auf Weiteres gesiegt!

MIT ANDEREN AUGEN DRAUFSCHAUEN

*A*gnes Sester sagt, der Sinn für Schönheit sei mit den Feriengästen aus der Stadt in ihren Garten gekommen. Sie hatten Freude daran, ihn zu betrachten, und unendlich viel Zeit dafür. Morgens, mittags, abends, vielleicht auch im Traum. Und sie teilten der Bäuerin ihre Beobachtungen und Gedanken mit, erkundigten sich nach den Na-men von Blumen, oder warum sie die Triebe in den Blattachseln der Tomatenpflanzen entfernt. Die banalsten Dinge waren für sie von In-teresse. Das freute Agnes Sester, das schmeichelte ihr: „D' Buure hen de Garde ja nit so wichtig g'numme, Fraueerbet ebe. Ma het auch nit groß dribber gschwätzd." Durch die Städter, die neugierig fragten, ihren liebevollen Blick, wurden der Garten und Agnes Sesters Arbeit aufgewertet. „Des het mir guet due."

Und das wiederum blieb nicht ohne Einfluss auf den Garten. Vor allem Jürgen, der Elektromonteur aus Castrop-Rauxel, besag-ter Jürgen, der als junger Mann „in Bermudas und Kläpperle" beim Runkelrüben Hacken mithalf, spielte eine wichtige Rolle. 1972, im Olympiajahr, kam er erstmals mit Hermann, einem Arzt. Frisch verliebt, auf einem schicken Motorrad.

$\mathcal{D}$iesen Sommer und alle kommenden verbrachten die beiden hier. Agnes Sester war der Gedanke, zwei Männer könnten ein Paar sein, fremd, geradezu unheimlich, von katholischen Moralvorstellungen ganz zu schweigen. „Des ware höfliche un zuvorkummendi Männer", sagt sie heute, „die inderessiere sich fir s' Koche und bsunders fir d' Blume." Mit beiden konnte sie stundenlang fachsimpeln. Intensive Gespräche: über „die Botanik", wie Jürgen es nannte. Und immer hatten die Männer ein Geschenk im Gepäck, eine Yucca-Palme, mal einen Gingko. Mancher Exot, den sie aus den Gartencentern des Ruhrgebiets einschleppten, ist in der Binzmatt zu einem Riesen geworden, wie der Taschentuchbaum neben der Mühle. Typisch Bauerngarten? Manche Leute scheinen einfach keine Augen im Kopf zu haben. Ein klassischer Bauerngarten hatte weder eine *Davidia involucrata*, noch einen Goldfischteich, und schon gar keine Enten aus bemaltem Ton am Rande eines Mini-Bambus-Wäldchens.

Noch etwas anderes kam mit den Gästen: das Lesen im Garten. Es begann damit, dass Hedy, eine feine, Brillanten beringte Dame aus der Schweiz den Sester-Mädchen „Büechli" mitbrachte und daraus vorlas. Illustrierte Geschichten von Ida Bohatta, erinnert sich Agnes Sester, in denen niedliche Kinder Mützen aus Blüten und Kleider aus Blättern tragen.

Bei schlechtem Wetter begaben sich die Leser in die Laube. Sie war das Herzstück der Veränderungen. Schon Mitte der sechziger Jahre hatten die Sesters 25 Quadratmeter fruchtbares Gartenland für das hölzerne Gebäude geopfert, für einen Tempel der Freizeit, in dem sich Familie und Gäste trafen, Bücher lasen, Wein tranken und „Mensch ärgere dich" spielten. Faulenzen im Garten – Agnes Sester liebte die Laube von Anfang an und hatte zugleich immer ein schlechtes Gewissen dabei. Wenn sie auf dem Rattan-Sofa lag und las, achtete sie darauf, dass kein Spaziergänger oder Nachbar, der über den Zaun guckte, sie sehen konnte.

Was ist ein Bauerngarten? Dies ist Agnes' Bauerngarten!

Neue Gartenbewohner

Agnes Sester erzählt. Kreuz und quer durch ihr Leben. Kindheit, Alter, sie springt von hier nach dort, vom Klassenzimmer in Reichenbach, erster Stock links, nach Gran Canaria, von wo gerade ein Brief kam, und zurück. „Als Kind hab ich mir mol Schdelze gmocht." Eine Geschichte, die von ihrer Neugier handelt. Damals war sie acht oder neun. „Mir hen rechne g'het, do het plötzlich e Monn mit eme hoche Zylinder durchs Fenschder g'schaut." Sie hat ihn natürlich sofort

erkannt, es war der „Nigrin-Mann". Nichts wie runter auf dem Schulhof, den schwarz befrackten Mann auf Stelzen aus der Nähe zu sehen, der für „Nigrin"-Schuhcreme Reklame lief. Riesenschritte machte er, ohne umzufallen, schwankte nicht mal, als er sich nach den johlenden Kindern umdrehte. So wollte Agnes auch laufen können, und anderen in die Fenster sehen. Stelzen aus Holz, ein paar Nägel, das ließ sich machen. Anders als Rollschuhe oder Schlittschuhe, für die kein Geld da war und die sie nie bekommen würde. Tatsächlich schaffte sie es. Einen Sommer lang genoss sie es, die Welt aus der Höhe zu betrachten, von allen bewundert zu werden. „Eitel bin ich au g'si."

DANK AN DIE FREMDEN

Aus dem neugierigen Kind ist eine weltoffene Frau geworden, auch in Sachen Küche und Garten. Die meisten Anregungen verdankt sie Fremden, die aus irgendeinem Grund auf den Hof kamen. Angefangen mit dem französischen Kriegsgefangenen, Marcel Picard, einem Koch aus Marseille, der aus Kartoffeln „Pommes frites" machte. Der im Wald körbeweise Steinpilze suchte und briet, etwas, das niemand in der Ortenau bis dahin für essbar gehalten hatte. Und den elsässischen Evakuierten, die im Backhaus Flammkuchen buken.

Nach dem Krieg brachten vertriebene Ungarndeutsche Paprika mit, „die galten hier als giftig", Agnes Sester war eine der Ersten, die ihre Skepsis überwand. Irgendwann kamen die Auberginen auf, französische Feriengäste brachten sie aus Straßburg mit und kochten Ratatouille, „sehr lecker". Bald folgten Zucchini. Überraschend leicht anzubauen, und Agnes Sester war sehr stolz, dass die neuen Gartenbewohner groß und immer größer wurden. Später hat sie die Ungetüme den Schweinen gegeben und nur die kleinen auf den Tisch gebracht.

Agnes Sester an ihrem 70. Geburtstag – ihre Töchter sind alle auf einem gutem Weg.
Links Monika und Maria, rechts Martina und Barbara.

Die Welt kommt zu Agnes

Als Tochter Barbara in den achtziger Jahren Landwirtschaft studierte, nach dem Examen Arbeit bei der Landjugend in Freiburg fand, kam die Welt zu ihr, im wahrsten Sinne des Wortes: Barbara schleppte Praktikanten auf den Hof, einen nach dem anderen, aus Bulgarien und Ungarn. Bauernsöhne aus Gran Canaria, Studienfreunde aus Venezuela, schließlich aus Afrika, dem Kontinent, der sie wie kein anderer faszinierte. Wie leben die Bauern dort? Was wächst in den Gärten? Woher kommt das Wasser? Das Saatgut? Agnes Sester fragte die jungen Leute aus, ständig wurde diskutiert. Über Tomaten natürlich, ein unerschöpfliches Thema. Und wann kommst Du zu uns? Hieß es. Also reiste sie nach Gran Canaria und schaute sich die terrassierten kleinen Felder mit ihrer rötlichen

Von ihr aus könne das Leben ruhig weiter Neues bringen. „Aber e bissli weniger, bitte." Getrocknete Heuschrecken von einer Afrika-Reise, die Enkelin Hanna ihr neulich zum Kosten gab, „die esse die wie Chips. Nai, des isch nix fir mich." Giersch in der Bowle? Unkraut bleibt Unkraut!

Garten ist nicht nur Arbeit. Das musste
Agnes Sester lernen. Heute macht sie
gerne mal eine Pause.

Vulkanerde an. Und staunte: „Die moch drei Mol im Johr Erdepfel rus." Namibia war ihr Traum, einmal die unberührte Schönheit der Wildparks zu sehen.

DIE FAMILIE WIRD GRÖSSER

Eines Tages stellte Barbara der Mutter ihre neue Liebe vor: einen höflichen jungen Mann, Alexandre aus Togo. „Des war schwer fir mich, z'akzeptiere." Bei aller Toleranz, die sie über die Jahre gelernt hatte; Afrika in der Familie, das war zu viel. Das brauchte Zeit. Doch der letzte Vorbehalt schwand, als sie im Frühling 2005 Joséphine in den Armen hielt, ihre vierte Enkelin. Sie liebt „Phinchen" heiß und innig. Joséphine – benannt nach ihrer togoischen Großmutter, mit zweiten Vornamen Améyo, was in der Sprache des Vaters „die am Samstag Geborene" heißt. Der Samstag, an dem sie zur Welt kam, war der 19. März, der Tag des heiligen Joseph. Dieser Zufall hat der katholischen Großmutter Agnes natürlich sehr gefallen.

Was bleibt?

„Muess ma immer alles ände-
re?" In den letzten Jahren ist ihr
das Bewahren wichtiger geworden. Die gute alte Schwarzwur-
zel, die Grabegabel, die Harke,
die sie gewohnt ist. In mancher
Hinsicht ist sie ohnehin immer
altmodisch gewesen: Sie trägt
Kittelschürze. Davon werden sie
keine Mode und kein noch so
kritischer Blick abbringen.
„Ich fühl mich wohl drin." Meistens aus blaugeblümtem Stoff,

seit sechzig Jahren ist sie ihr liebstes Kleidungsstück. Schürzen hat
sie getragen, solange Agnes denken kann, zu Hause, in der Schule,
zuerst Trägerschürzen, von der Mutter genäht. Jeden Sonntag eine
frische, mittwochs wurde sie gewendet, wie die fleckige Tischdecke,
für den Rest der Woche war die linke Seite oben. Anfang der fünf-
ziger Jahre kam die Kittelschürze in die Ortenau, Agnes war noch
nicht verheiratet: „Das Kleid der modernen Hausfrau", so wurde sie
angepriesen, zweckmäßig und zugleich weiblich. Im Winter streifte
frau sie über Rock und Pullover, um diese zu schonen. Im Sommer
war sie Kleidersatz, an heißen Tagen nur Slip und BH drunter. „Haben Sie nie Hosen getragen?" – „Niemals!" Nach dem Krieg, erzählt
Agnes Sester, hätten einige Frauen damit angefangen. Einmal sei eine
Frau in Hosen auf den Hof gekommen. „Männerhosen? Isch die denn
verruckt!" Hätte ihre Tante Marie gerufen, voller Abscheu.

Besonders für den Garten sei die Kittelschürze ideal. „Do isch nix
eng." Agnes Sester hebt die Arme, dreht sich ein wenig in den Schul-
tern. „Im Sack isch Blatz fir d'Scher, de Fade und e Dascheduech."

Die Töchter können sich ihre Mutter Agnes nicht ohne
Kittelschürze vorstellen.

Sunnys Hähnchen-Pfanne

300 g Hähnchenbrust
2 EL Sojasoße
8 mittelgroße Möhren
1 Stange Porree
1 kleiner Wirsing
3 Zwiebeln
2 bunte Paprika
200 g Champignons
½ Sellerieknolle
1 EL Erdnussbutter
1 Dose Kokosmilch
2 EL süßsaure Asiasoße
1 – 2 Stängel Zitronengras

Das Fleisch in feine Streifen schneiden und in der Soja-Sauce einige Stunden marinieren. Das anbraten und beiseite stellen.

Das Gemüse säubern, waschen und in Würfel schneiden. Zunächst die härteren Gemüse im Wok oder in der Pfanne dünsten, dann die weicheren.

In einem großen Topf mischen, Erdnussbutter und Kokosmilch dazugeben und die Asiasoße untermischen. Salzen und zum Schluss mit etwas Zitronengras dekorieren. Das Rezept ist ausreichend für sechs Personen.

„Ich koch gern kinesisch. Eigendlich isch des e Rezept, wo ich vun minere Nochberi Sunny g'lehrt hab, s' isch koreanisch. Ich konn do guet mini Zutate nemme un ebbis Exotischs drus moche. Statt em Chinakohl nimm ich Wirsing, des schmeggt genauso guet, un er isch noch griener in de Farb."

Der Garten und die Tiere

Von Kühen und
Pferden, Hühnern,
Katzen und Hunden und
warum Tiere nicht in
den Garten gehören

Wo Tiere sind, da fällt auch Mist an

„D' Viecher g'here nit in die Ordnung vum Garde, e Buuergard brucht e feschder Hag. Aber s' git immer widder Dieb und Schädling odder so Viecher, wo sich üschmeichle. Nit immer gwinnt ma als Gärdneri."

Regen liegt in der Luft. Fliegen-Wetter. Sie sind noch lästiger als gestern und vorgestern. Die Schwalben freut's. Im Sekundentakt schießen zwei, drei aus dem Kuhstall, wo ihre Nester sind, im Tiefflug Richtung Garten. Agnes Sester sitzt unterm Walnussbaum und verfolgt sie mit den Augen, lauscht ihren aufgeregten kleinen Schreien. Schwalben hat sie gern. Das Elegante, das Schweben gefällt ihr. Manchmal fragt sie sich, was in deren Hirn so vorgeht. Wie sie es schaffen, im Frühling zielstrebig in ihre Nester in der Binzmatt zurück finden.

Wo Mist anfällt, sind Fliegen, diese sind Nahrung für Vögel – alles hängt mit allem zusammen. Die geflügelten Geschöpfe bewegen sich frei zwischen Bauernhof und Garten. Für sie ist alles eins, der Luftraum hat keine Grenzen. Auf dem Boden gibt es sie natürlich, der Mensch bemüht sich energisch darum, nicht immer mit Erfolg. Geografisch sind die beiden Bereiche gerade mal fünfzehn Meter voneinander entfernt. In Sichtweite, Hörweite. Und Riechweite natürlich, wobei der Stall die kräftigsten Gerüche von sich gibt.

Kühe sind immer noch die Grundlage der Landwirtschaft.

Zuchteber, Schweine überhaupt, dagegen ferne Vergangenheit.

AN ERSTER STELLE: DIE LANDWIRTSCHAFT

Der Sester-Garten ist keine Insel, die Landwirtschaft nimmt Einfluss auf ihn, vom Mist angefangen, der mit der Schubkarre auf die Beete gefahren wird – eine lange Geschichte von Nachbarschaft, zuweilen auch Konkurrenz. Bäuerin sein und Gärtnerin sein, das sind zwei verschiedene Rollen, zu gewissen Zeiten sind sie Agnes Sester, wie schon gesagt, über den Kopf gewachsen. Die Landwirtschaft stand ganz klar an erster Stelle, der Garten an zweiter. Solange er zur Ernährung der Familie notwendig war, konnte er immerhin noch als eine Art Unterabteilung des Ackers gelten. Heute braucht man ihn nicht mehr – rein ökonomisch betrachtet wäre es billiger, Gemüse im Supermarkt zu kaufen. „Zwibble oboue isch eigendlich Bleedsinn." Der Ernst des Lebens spielt woanders. Für das Überleben des Sester-Hofes hat der Garten keine Bedeutung mehr. Oder doch?

Heute ist Agnes nur noch Beobachterin. Milchpreise, technische Neuerungen, was da aus Berlin kommt und aus Brüssel, verfolgt sie natürlich. Wird der Sester-Hof Bestand haben? Was ist die beste Überlebensstrategie?

Die Milchwirtschaft ist die wichtigste Säule des Betriebs. Ganz wie zu ihrer Zeit – Kühe sind Agnes Sesters große Leidenschaft. Damals waren es die „Vorderwälder", eine zähe, robuste Art aus dem Hochschwarzwald. In den sechziger Jahren hat man die Rotbunten aus dem Sauerland eingeführt, großrahmige Tiere, nicht schlecht, aber anfällig. Bis dann das Fleckvieh kam, ein „Zweinutzungsrind", als Lieferant von Milch und Fleisch gleichermaßen geeignet. Dabei ist es geblieben. „Ich hab selli Kie gern, die sin so scheen rund."

Mit der Schweinezucht haben die Sesters aufgehört. Die letzte Sau für den Eigenbedarf wurde vor fünf, sechs Jahren geschlachtet. Die einzigen Großtiere, neben den Kühen, sind Pferde. Ihr Dasein auf dem Hof hat eine lange, umstrittene Geschichte. Sie begann in den siebziger Jahren: mit Poly. „Er war klei un frech", erzählt Agnes Sester. „Er het d' Diere ufgmocht un d' Milichbulversegg uf g'risse." Beim Ausreiten wälzte sich der Pony-Wallach gern im Gras und kam ohne die Reiterin nach Hause. Nur Maria sei mit ihm einigermaßen fertig geworden. Als Bäuerin hatte Agnes dafür nicht viel Verständnis. „E Schpielzeug!"

ZU ALLEN ZEITEN HIESS ES: UMLERNEN!

Sie war mit Arbeitspferden großgeworden, vor ihnen hatte sie größten Respekt. Und als diese, mit ihrem Zutun, von der Bühne der Geschichte verschwanden, hätte es ihres Erachtens keiner Pferde mehr bedurft. Aber die Mädels wollten unbedingt reiten, Maria und Barbara, die Feriengäste. Später kamen die Haflinger-Stute Hella und zwei Fohlen dazu, ihre Nachkommen waren bis vor kurzem auf dem Hof. Maria hat später noch Schwarzwälder Kaltblutpferde dazu gestellt, eine Liebhaberei. „Des mochd ihre Schpass. Fir mich sin des nutzlosi Fresser, die Erbet moche un nix bringe."

„Unser Iberlebensrezept isch nit unbedingt, de Hof greser z'moche. Eher Vielfalt uf kleinem Raum."

Katzen richten im Garten wenig Schaden an. Agnes mag die Tiere gerne.
Sie gehören zum Hof einfach mit dazu.

Immer wieder hieß es: umlernen, sich der Zeit anpassen. Was ist der Nutzen eines Tieres? Seine Leistung und sein Marktpreis, hätte man früher gesagt. Was nicht heißt, dass es keine Sentimentalitäten gab – „Gnadenbrot" für einen ausgedienten Ackergaul, ein treuer Hund wurde durchgefüttert bis ans Ende seiner Tage. In der Freizeitgesellschaft gelten jedoch andere Werte, und der Sester-Hof ist Teil davon. Sein zweites Standbein ist der Ferienbetrieb. Gäste brauchen Pferde! Stadtkinder wollen Katzen und Hunde, Hühner, möglichst bunt, Gänse und so weiter. Sie kommen in die Binzmatt, weil hier alles echt ist, die Tiere und der Misthaufen. Auch die Bauern selbst und ihre Nöte sind echt, und die alte Bäuerin in Kittelschürze, die Geschichten erzählt – und ein Garten mit allem, was das Herz begehrt.

Tiere im Garten?

Welche Tiere dürfen in den Garten? Prinzipiell keine! Es sei denn, sie schwimmen im Teich, wie die Goldfische oder sind eingesperrt, wie die Kaninchen, die im Käfig, zwischen Beerenhecke und Komposthaufen, residieren. Garten ist Ordnung, und dafür haben Tiere keinen Sinn. Um sie draußen zu halten, ist der Zaun da. „Das Törli", mahnt Agnes Sester die Kinder, „muss immer geschlossen werden." Eigentlich ist die Sache ganz klar. „Eigentlich, aber ...", Agnes Sester denkt offenbar nach, welchen Übeltäter sie zuerst nennen soll. „Sammy!" Der gehe immer mit Maria rein, hält sich aber meistens an die Wege. Andere Hunde wären da weniger brav. „De Katze." Sie überwinden den Zaun mühelos, mehrmals

täglich und vor allem nachts. Schleichen umher zwischen Salaten und Büschen, oder liegen irgendwo und schlafen. „De Henne!" In ihrer Stimme schwingt Ärger mit. „Jede Dag obickti Tomate." Leider Gottes sei sie nicht mehr schnell genug, die Räuber zu jagen.

Sie haben es nicht weit, das weitläufige Freigehege grenzt an die hintere Seite des Gartens. Die Junghennen fliegen natürlich, wenn man ihnen nicht gleich die Flügel stutzt. Das war früher ihre Aufgabe, jetzt macht es der Schwiegersohn Ernst, so er Zeit hat. Agnes Sester greift mit ihrer Rechten in die Luft, wie wenn sie ein Huhn packen würde, und lässt die geballte Hand auf den Kaffeetisch sinken. Ihr Tatendrang ist ungebrochen, sie hadert mit ihrem Körper, der immer gebrechlicher wird. Es fällt ihr schwer, den Dingen ihren Lauf zu lassen. Vor einiger Zeit hat sich eine Ente so raffiniert im Blumenbeet versteckt, das Gelege war fast schon ausgebrütet: „Ich hab sie sitze losse." Alle Fünfe gerade sein lassen, das ist jetzt angesagt.

Kaninchen sind eingesperrt. Hühner, die Tomaten anpicken,
werden gejagt. Im Garten haben sie nichts zu suchen.

„Monchi Viecher hab ich gern. Do bin ich au nit so schtreng,
au wenn de Garde monchmal liidet."

Was die Tiere angeht, gibt es feste Prinzipien – und Ausnahmen.
Das Huhn zum Beispiel, das kürzlich eine Habichtattacke überlebte, genießt Sonderrechte. Freigang auf dem Hof, es darf sogar bei
Agnes Sester auf dem Schoß sitzen. Legende ist ein Ganter, der seine
Frau verloren hatte. Er trauerte sehr um sie, und er schloss sich nach
einer Weile Agnes an. „Er war Witwer, ich war Witwe." Frühmorgens
stand er unter ihrem Fenster und spektakelte solange, bis sie heraus
schaute, folgte ich dann den ganzen Tag überallhin. Sogar in die
Brenn-stube, dort saß er still unterm Tisch, biss, wenn ihm langweilig wurde, die Wollfäden durch, die seine geliebte Menschenfrau zu
Strümpfen oder Topflappen verarbeitete.

Das „Hotel" hat viele Insekten angelockt. Im Garten summt und brummt es. Nützlinge sind gern gesehene Gäste.

Wie lange wird es Agnes Sester noch schaffen, ihre kleine Welt in Ordnung zu halten? Ihre Kräfte schwinden, dafür hat sie jetzt: Zeit. So viel wie in ihrem ganzen Leben nicht. Zeit, sich auch den kleinen und kleinsten Lebewesen im Garten ausgiebig zu widmen. Etwa den Libellen zuzusehen, den blaugrünen schlanken Schönheiten, die sommers um den Teich herumschwirren, oder den Schmetterlingen.

Und den Kampf gegen Schädlinge zu führen, mit Ausdauer und Raffinesse, mit der Erfahrung von Jahrzehnten im Rücken Strategien gegen sie auszutüfteln. Allzu viel Last hat sie damit zwar nicht gehabt. Schwalben, Spatzen, Meisen erledigen den Großteil. Marienkäfer und Ameisen sind zahlreich genug, um mit den Blattläusen fertig zu werden. Außerdem tragen die Bewohner des neuen Insektenhotels, wo diverse Nützlinge logieren, zur biologischen Bekämpfung unerwünschter Insekten bei.

DIE TÜCKEN DES MODERNEN TRANSPORTWESENS

„Abber d' Schnegge." Gärtners Klagelied in Europa, sie kennt etliche Strophen davon. „Des isch so e Kabiddel." Spanische Wegschnecke, Kapuzinerschnecke oder auch Lusitanische Wegschnecke heißt das ebenso gefräßige wie vermehrungsfreudige Tier. Agnes Sester hat viel darüber gelesen. Mit einer Gemüsekiste aus Spanien sei es als blinder Passagier nach Deutschland gereist, hieß es zu Anfang. Jede neue Theorie hat die Bäuerin mit verfolgt. Wie auch immer, das moderne Transportwesen, das scheint gewiss, ist mit Schuld an der Verbreitung dieser Nacktschnecke. Von Süden her, Südwesten, kam sie. 1969 wurde sie zum ersten Mal auf der deutschen Rheinseite, gegenüber von Basel gefunden, eroberte dann in kürzester Zeit Süddeutschland. Wann sie auf ihrem Weg gen Norden die Binzmatt erreichte, weiß Agnes Sester nicht mehr genau, schätzungsweise vor zwanzig Jahren. Und damit begann: ein neues Kapitel Gartengeschichte.

Von Schnecken und Werren

Nichts, was Agnes Sester nicht probiert hätte. Eine Wunderwaffe gebe es nicht, im Laufe der Jahre hat sie ein Abwehrsystem entwickelt, das funktioniert. „Bei uns", sagt sie einschränkend. Jeder Kriegsschauplatz ist bekanntlich anders. Die südliche Flanke wird gedeckt vom Hühnerstall, da kommen die Schnecken nicht weit. Die nördliche vom Hofvorplatz, da haben sie kaum Deckung und sind leicht zu fangen. An der besonders anfälligen West-seite musste etwas passieren, entlang des Zauns hat Agnes Sester Stauden gesetzt, dicht an dicht. Dazwischen streut sie im Frühjahr Schneckenkorn, eine Chemiewaffe, in geringer Dosierung. Und dann geht es im Inneren des Gartens weiter mit mechanischen Barrieren aus dickem Rindenmulch, in der Militärsprache würde man sagen „spanische Reiter". Da kommt der Feind nicht drüber, „Die hole sich e Schbrissel in de Buch."

Die Maulwurfsgrille

Sie ist eine Verwandte der Heuschrecke, die Maulwurfsgrille oder Werre, bis zu sieben Zentimeter groß, mit kräftigen Vorderbeinen, wie Schaufeln. Sie lebt unterirdisch, liebt lockere Böden. Beim Graben nach Würmern und Engerlingen zerstört sie die Wurzeln von Pflanzen. Ihr Gesang ist in den Sommernächten weithin zu hören. Auf der roten Liste der bedrohten Tiere wird sie in Kategorie 2 geführt.

Gegen Schnecken und Maulwurfsgrillen helfen kein Zaun und kein Schild. Sie gehören zu den schlimmsten Gartenplagen.

ERFOLGE, KLEINE UND GROSSE

Die zweite Plage sind „die Werren", ein anderes, ein uraltes Kapitel. Maulwurfsgrille und Gärtnerin haben eine lange Geschichte. Ihre Scharmützel werden heute behördlich überwacht, weil die Werre vom Aussterben bedroht ist. Sie hat riesige Grabschaufeln, damit gräbt sie unterirdische Tunnel und zerstört die Wurzeln verschiedener Gemüse. „Jede Morge zwei lummeriggi Saladkepf." Der Kampf gegen sie geht eher nach Trapperart vor sich, man stellt ihnen Fallen. Zum Beispiel gräbt man Blechdosen ein, wenn die Werren in der Nacht oberirdisch spazieren gehen, stürzen sie hinein und kommen nicht mehr raus. Eine noch raffiniertere Methode, die

Agnes Sester bevorzugt, stellt die Werre bei Tag. Einzeln, Aug in Aug. Um ihre Spur zu finden, muss das Beet sorgfältig geharkt sein, dann sieht man, wo die Gänge sind. Vor dem Loch, das senkrecht ins Erdreich geht, legt sich die Gärtnerin auf die Lauer. Sie kippt vorsichtig zwei Esslöffel Salatöl hinein. „Sie kumme rus und du konnsch druf haue."

𝒦leinkrieg. Kleinarbeit. „So isch Garde." Manchmal, an müden Tagen, stellt sie sich vor, er wäre nicht mehr da. In der Mitte des Anwesens nur grüner Rasen, ein paar Büsche und Bänke. „Schrecklich!" Er würde fehlen, nicht zuletzt den viel beschäftigten Töchtern. Sie kommen regelmäßig zu Besuch, „nach Hause". Am häufigsten Barbara, die in Freiburg wohnt. Die dritte Tochter, die gern den Hof übernommen hätte und dann Agrarwissenschaften studierte, in ihrer Arbeit für den Bauernverband der ländlichen Welt nahe geblieben ist. Auch Monika und Martina zieht es immer wieder in die Binzmatt. Die beiden haben in der Wissenschaft Karriere gemacht, Monika hat einen Lehrstuhl für „Kartografie und Geoinformatik" in Hannover, Martina, studierte und habilitierte Biologin, ist Professorin und Leiterin der Abteilung Transplantations- und Infektionsimmunologie am Uniklinikum Homburg. Zwei Professorinnen in der Familie, darauf ist Agnes Sester stolz. Alles hat sich irgendwie gefügt. Wenn sie an die dunklen Jahre nach dem Tod ihres Mannes zurück denkt, kommt es ihr wie ein Wunder vor.

Der Kampf gegen die Werren ist in diesem Jahr zum Glück
gewonnen. Das ist nicht immer der Fall. Zu ernten gibt es
wieder genug.

Garten der Erinnerung

Von den Toten,
die nahe sind,
und vergeblichen
Versuchen,
Ruhe zu finden

Drei Generationen Äpfel

„Epfelbaim, Rose, s' Gardehiesli, viel erinnert mich do an de Mathis, mini groß Liebi. Oder an de Karli, de Knecht. Im Garde bin ich noh bi de Verstorbene."

Kaum ein Duft ist so betörend wie von reifen Äpfeln. In diesen Tagen durchstreift Agnes Sester die Obstwiesen, die sich rings um den Hof erstrecken. Hanglagen, nicht sehr steil, aber für die Siebenundachtzigjährige ziemlich mühevoll. „Ich zähle die Schritte." Hin und wieder streckt sie die Hand nach einem tiefhängenden Apfel aus, das geht leichter, als die heruntergefallenen aufzusammeln. Bücken fällt ihr schwer, „alles isch schwer." Manchmal fühle sie sich wie „e Vogel mit g'schdutzde Fliegel." Immer kleiner werden die Kreise, die sie zieht. Autofahren darf sie nicht mehr, Reisen ist nur noch eine Strapaze. Haus und Stall, Garten und Wiese, das ist heute ihre Welt, bestenfalls bis zum Waldrand reicht sie.

NUR SCHAUEN UND NACHDENKEN

Agnes Sester könnte sie einfach nur betrachten. Reich genug ist sie – ein Mikrokosmos, der unendlich viel Stoff zum Schauen und Nachdenken bietet und sich vor ihren Augen ständig wandelt. Allein die Apfelbäume und ihre Geschichte: Drei Generationen haben die Hänge bepflanzt, sie kennt die Akteure persönlich, hat die Bäume heran wachsen sehen. Die älteste Sorte ist der sogenannte „Sester-Apfel". Michael Sester hat sie selbst gezüchtet, vor etwa achtzig Jahren, nicht sehr schmackhaft, aber bis heute unschlagbar als Massenträger für Schnaps. Von Agnes' Ehemann Mathias, der die Leidenschaft seines Vaters teilte und lange Verwalter des Obstversuchsgartens in Ebersweier war, stammen die „Brettacher", eine Sorte aus der Region Heilbronn. Grün mit roten Backen, säuerlich im Geschmack, wunderbar geeignet zum Backen, im Keller halten sich die Äpfel bis Ostern. Zuletzt ist die 'Gala' dazu gekommen, rot und süß. Ihren

Äpfel der Sorte 'Gala', die letzte, die gepflanzt wurde.

Der Weg auf die Apfelwiese ist für Agnes Sester mühsam geworden.

Ursprung hat sie in Neuseeland, Barbara hat drei Bäumchen in den neunziger Jahren gepflanzt, zur Geburt von Marias Töchtern. An den Hängen des Sester-Hofes lässt sich die Geschichte des Apfelanbaus im 20. Jahrhundert studieren.

Wie und warum ist alles so geworden? Wenn man Muße hat, kann man darüber nachdenken, philosophieren. Doch Agnes Sester will lieber schaffen. Selten gelingt es ihr, den Tatendrang loszuwerden. Nur am Sonntag, auf Befehl sozusagen, von höchster Stelle. Am siebten Tage sollst Du ruhen, das biblische Gebot hat sie zeitlebens befolgt. „Em Sonntig moch ich nix". Nach dem Kirchgang flaniert sie durch den Garten, in weißer Bluse und schwarzem Rock, ohne Schere, ohne Korb. Da können die reifen Tomaten noch so nach der Gärtnerin schreien. Sie sitzt dann eine Weile auf einer Bank und schaut den Hummeln nach, und plötzlich fallen ihr die Augen zu. Sie döst. Oder schläft. Vielleicht träumt sie?

Die große Liebe

$\mathcal{I}$mmer häufiger werden Erinnerungen wach, ganz besonders im Garten. Wer hat was gepflanzt? Beim Anblick des Walnussbaums fällt ihr die Schwiegermutter ein. Die rote Rose am Gartentor lässt sie an Mathias denken.

Immer wieder kommt ihr Mathias in den Sinn. Wenn sie das Spielhäuschen betrachtet, das er wenige Jahre vor seinem Tod eigenhändig für die Töchter gebaut hat. „Er war so e liebivoller Mensch." Sagt Agnes Sester traurig. „Ich vermiss ne arg. Im Alder erschd recht. Wemma so niema he zum Olehne." Während sie erzählt, wird sie noch trauriger. „Er het mich arg verwehnt." Mal fand sie ein Betthupferl auf dem Kopfkissen, oder er brachte aus der Stadt ein Geschenkli mit. Wäre er heute noch bei ihr, sie würden zusammen im Garten sitzen. „Er dät mir Komplimente moche." Und sie würde ihn mit Marmelade füttern. „Dick ufs Brot, des het er gern g'het."

Mirabellen-Marmelade, wie Mathias Sester sie liebte

Hochreif müssen die Früchte sein. Zwei bis drei Mirabellenkerne aufklopfen und mitkochen, das bringt zur Süße ein feines Bittermandelaroma. 1 Kilogramm entkernte Früchte pürieren, mit 500 Gramm Gelierzucker 1 : 2 und den Mirabellenkernen aufkochen. Sofort in Gläser abfüllen. Agnes Sester macht immer nur kleine Mengen. In der Saison wird ein Großteil des Früchtemuses eingefroren und dann bei Bedarf neue Mirabellenmarmelade gekocht.

Das Spielhäuschen – eine Erinnerung an Mathias. Er hat es extra für die Töchter gebaut.

„Was für ein Mensch war unser Vater?", haben die Töchter oft gefragt.

Achtzehn Jahre und drei Wochen hat sie mit ihrem Mann gelebt, und mehr als vierzig Jahre ohne ihn. Jetzt, im Alter, kommen ihr wieder die Szenen von damals in den Sinn: das Jahr 1972, in dem er immer schwächer wurde. Sie an seiner Seite, wie sie ihm Hoffnung macht, obwohl es keine gab. „Wir waren immer offen zueinander." Aber der Arzt, der ihn operiert hatte, verlangte von ihr, den Todkranken zu belügen. „De Mathis und ich hen nie ibbers Schterbe g'schwätzt." Ganz dünn sei er zuletzt gewesen. In der Nacht vor seinem Tod habe er zu ihr gesagt: „Eins verschprich ich dir: Wenn ich widder gsund bin, derfsch jede Morge usschlofe."

Wird sie ihn wiedersehen? Fragt sie sich manchmal. „Wie soll des mit de Uferstehung vun de Dode geh? Ich zwiifel da als dron. Die ville Milliarde Mensch, des isch e wieschda Durchenander."

Karli, der Knecht

Im Garten sitzen. Äpfel schälen. Die Blicke schweifen lassen. Jeder Fleck im Garten hat seine Geschichte – eine Landkarte, die nur sie kennt. Hier hat Mathias an einem Herbsttag gestanden, Martina auf dem Arm. Karlis Lieblingsplatz in der Laube, sie sieht ihn vor sich, Nüsse ausklopfen und Bohnen abfitzeln, damals, nach seinem Oberschenkelhalsbruch.

Karli, der Knecht. „Noch em Mathis sinem Dod", erzählt sie, „hab ich erschd nit g'wisst, was ich mit em ofonge soll. Er het em Mathis ufs Word g'horcht. Nur ihm." Zu ihrer Überraschung sei er, nachdem sie ganz allein da stand, auch ihr gehorsam gewesen. „Er het sich fir alles g'winne losse. E Schnäpsli un er het d' Holzkischd g'fillt oder de Schdall suufer g'mocht." All die schweren Arbeiten, obwohl er damals schon im siebten Lebensjahrzehnt stand. Lange Zeit war er der einzige Mann auf dem Hof.

EIN TREUER BEGLEITER

Über sein Vorleben hat Agnes Sester nur wenig gewusst. Karl Mellert stammte aus einer sehr armen Gengenbacher Familie. Sein Vater kehrte Straßen. Seine Mutter kannte Agnes schon als Kind, weil sie manchmal auf den Hof kam und ihnen mitteilte, dass jemand verstorben sei. „Leichenbotinnen" nannte man diese Frauen, sie gingen von Haus zu Haus und erhielten für die traurige Nachricht etwas Mehl, Eier oder Schmalz. Es wurde erzählt, die Mellerts hätten in der Not Hunde gegessen.

Als Agnes Sester 1954 auf den Hof einheiratete, war Karl Mellert schon da. Bereits kurz nach dem Krieg war er in den Dienst der Sesters getreten. Eigentlich war er gelernter Schuhmacher, konnte diesen Beruf nach einem Unfall jedoch nicht mehr ausüben. Ein Sturz auf den Kopf, so wurde im Dorf gemunkelt, die genaueren Umstände kannte niemand. „Bi mir sind d'Rädli nimmi richtig geloffe." Mehr wusste er dazu auch nicht zu sagen. Beim Militärdienst soll es passiert sein, kurz nachdem Hitler an die Macht gekommen war.

Karl Mellert, „unser Karli". Am Geburtstag
saß er mit am Familientisch. Noch heute
erzählt man Anekdoten über ihn.

Woraufhin der junge Mann ins nahe Kreispflegeheim, nach Fußbach,
gebracht und in eine Zwangsjacke gesteckt wurde. Als einige Jahre
später das Gerücht umlief, die Insassen sollten fortgebracht werden,
hat ihn ein Landwirt, Windecker mit Namen, der die Anstalt mit
Lebensmitteln belieferte, befreit und ihn auf seinem Hof versteckt.

„Wenn de Windecker mich nit g'holt hätt, hätte sie Schmierseif us
mir g'mocht," pflegte Karl Mellert zu sagen. Hier und da und immer
wieder, zu den Sesters, später zu den Feriengästen. Der Postbote
kriegte es zu hören. Oder der Milchmann. Der Satz brach aus ihm
heraus, ohne erkennbaren Anlass, und verstörte seine Adressaten.
Und verstärkte unausgesprochen die Sympathie für ihn – für den
„Karli", wie ihn alle nannten, der, seinem Naturell nach, ein heiterer
Mensch war. „E gueter Knechd", schwärmt Agnes Sester.

Knechte und Mägde

Bis weit in die zweite Hälfte des zwanzigsten Jahrhunderts hinein, gab es auf dem Lande solche halbfeudalen Verhältnisse. Erst durch die Technisierung, die schwere körperliche Arbeit überflüssig machte, haben sie sich endgültig aufgelöst. Karl Mellert war einer der letzten Knechte in Baden. Was das für ihn bedeutete, schwer zu sagen. Wie empfand er dieses Dasein? Hätte man ihn damals danach gefragt, er hätte wohl kaum eine Antwort darauf gewusst. Wie wäre sein Leben verlaufen, wenn er sich nicht als Knecht verdingt hätte? Darüber denkt Agnes Sester manchmal nach. Dabei sieht sie ihn vor sich, drahtig und spindeldürr, wie er mit Schwung den Mist in den Garten fährt. „E Lichtigkeit het der g'het. Mit achtzig Johr het er noch Klimmzig gmocht, der dibbe en sellem Epfelbaum."

Die Gesindeordnung

Meist waren die Knechte und Mägde Kinder von Kleinbauern und Tagelöhnern. Besitzlose, die sich auf Höfen der Region verdingten, für ein paar Jahre, seltener lebenslang. Zum Bauern und zur Bäuerin standen sie in einem persönlichen Abhängigkeitsverhältnis. Pflichten und Strafen, Entlohnung (Kost, Logis, Geld, Naturalien) wurde in der Gesindeordnung geregelt, bis 1918, danach, in der Weimarer Republik, gab es offiziell nur noch gleichberechtigte Bürger. Doch selbst in der Bundesrepublik dauerten die alten Verhältnisse zum Teil fort. Erst durch die Mechanisierung der Landwirtschaft wurden sie überflüssig. Einige wenige, wie der Sesterhof-Knecht Karl Mellert, blieben auf den Höfen.

In der Fabrik wäre Karl Mellert vermutlich gescheitert. Disziplin war nicht seine Stärke, sich einer anonymen betrieblichen Logik unterzuordnen, hätte ihn überfordert. Zwar hatte er äußerst intelligente Hände. Auch nach seinem Unfall konnte er fehlerfrei schreiben und gut Kopfrechnen. Mit Geld wiederum konnte er nicht umgehen. Zugleich war er schreckhaft und oft wirr. Mal hielt er ein rotes Abflussrohr für einen Fuchs, oder er gab vor, mithilfe eines Glitzerdings (ein Abzeichen der Firma VW) das Wetter vorhersagen zu können. Ihm war die Fähigkeit abhanden gekommen, selbstständig zu denken und zu handeln. Infolge der Hirnverletzung, und wohl auch weil er traumatisiert war. Die Nazis hatten ihn sterilisiert, im Kreispflegeheim hatte ein Arzt seine Samenleiter durchgeschnitten. „De Karli het kei Famili ho kinne."

An diesem Ast hat Karli seine Klimmzüge gemacht. Mit achtzig Jahren
ist er noch auf Händen gelaufen.

Rote Bete einmieten – eine Arbeit, die Agnes Sester noch ganz gut schafft. So wird das Gemüse über den Winter frisch gehalten und ist bei Bedarf schnell zur Hand.

Vielleicht hätte ihn das Gesundheitsamt als lebensuntüchtig einge-
stuft und wieder in eine Anstalt gesteckt? Auf dem Sester-Hof lebte
er in einem geschützten Raum, fernab von den Normen der modernen Welt. Karli hatte zu essen und zu trinken, eine warme Kammer,
oben im Backhiesli. Bis heute heißt das rosenumrankte Backhaus
„Karlis Hiesli". Einen guten Herrn, der ihm sagte, wo es lang ging,
der seine Talente schätzte und einzusetzen wusste. Der nach ihm
suchte, wenn er mal die Orientierung verloren hatte. Der Knecht
gehörte zur Familie Sester, er wurde respektiert, so wie er war. Die
Kinder – Maria, Monika, Barbara, Martina – liebten ihn. Man dutzte
einander, Karli sagte „Agnes" zu seiner Herrin. Trotz der sozialen
Distanz, die sicherlich immer da war, und die manchmal auch zum
Ausdruck gebracht wurde, vor allem durch Karli: Er wollte partout
nicht am Familientisch essen. „Ihr sollt mir nit ins Mul schaue, wenn
ich iss." Er saß an dem kleinen Ausziehtischen, unterm Küchenfens-
ter, mit Blick ins Grüne, und hörte von dort aufmerksam zu, was die
anderen in seinem Rücken redeten.

„Em Karli isch es gonge wie mir:
Er het nie irgendwo onderschd lebe welle."

Im Garten ist es merklich kühler geworden. Ein leichter Westwind,
selbst im Schutz der Laube ist er zu spüren. Agnes Sester reibt sich
die nackten Arme. „Ja, der Karli." In den letzten Jahren seines Lebens
habe er fast immer hier gesessen. Arbeiten konnte er kaum noch,
nur dasitzen, Gemüse richten. Oft sang er dabei. Er sei der glück-
lichste Mensch gewesen, wenn er nur ein Schnäpsle hatte und seine
Rauchwaren, am liebsten eine Zigarre. „Sorgen, was ist das?", hat
er mal gesagt. Er riet Agnes, wenn sie über unbezahlte Rechnungen
stöhnte: „Wirf sie doch furt, donn hesch Rue." Achtundachtzig wurde
er. Gestorben ist er im Pflegeheim, die letzten Wochen vor seinem
Tod im Januar 1996 waren hart. Er verstand die Welt nicht mehr, die
Ärzte redeten ihn mit „Herr Mellert" an. Warum durfte er nicht Zuhause sein, auf dem Sester-Hof? Ein halbes Jahrhundert hatte er dort
gelebt. Die Sesters bezahlten sein Begräbnis. Sie pflegen sein Grab bis
heute und erinnern sich gern an ihn.

Das eigene Leben verstehen

Karli, der letzte Knecht vom Sesterhof, starb im Januar 1996. Im Juli desselben Jahres, in dem sie siebzig wurde, hat Agnes Sester den Hof offiziell an Maria und ihren Mann Ernst Harter übergeben. Zeitenwende, Generationenwechsel. Schritt für Schritt hat sich die alte Bäuerin zurückgezogen aus ihrem Reich, nur über den Garten herrscht sie noch. Kartoffeln anbauen? Wie Maria vorschlägt, nein, das will sie nicht, da setzt sie sich durch. Kartoffeln gehören auf den Acker, nicht in den Garten. Selbst wenn es die feinen 'Bamberger Hörnle' sind, die verbrauchen enormen Platz, das ginge auf Kosten der Vielfalt.

„De Garde tröschdet mich. Do kinnt ich als mol ruhig were,
aber ich find immer ebbs zum due."

$\mathcal{B}$ald wird sie Maria den Garten übergeben, nächstes Jahr – vielleicht. Möglich, dass dann die Zeit der Ruhe beginnt. Sie wird anfangen, ein Mittagschläfchen zu machen, lernen, sich nicht zu sorgen, wie Karli. Und wie der alte Knecht, der zeitlebens nichts besaß, im Garten sitzen, staunen und sonst nichts.

„OHNI GARDE WILL ICH NIT SI"

$\mathcal{A}$gnes Sester wirft die Apfelschalen auf den Komposthaufen und humpelt ins Gewächshaus, sie will noch vor dem Abend die Erdmiete für die Roten Bete vorbereiten. „Ohni Garde will ich nit si." Etwas Ähnliches sagte die alte Gutsbesitzerin Ranjewskaja in dem Drama von Anton Tschechow, „Der Kirschgarten". In dem es um eine Adelsfamilie um 1900 geht und den bevorstehenden Verlust ihres Landgutes, das von einem wunderschönen Kirschgarten umgeben ist. „Ohne den Kirschgarten", sagte sie, „würde ich mein eigenes Leben nicht mehr verstehen." Ohne ihren Garten würde Agnes Sester ihr Leben nicht verstehen.

Links: Herbst-Anemonen, ein Lichtblick in dunkler werdenden Tagen.

Rechts: Nur schauen und genießen: das wird Agnes Sester jetzt lernen.

Ulla Lachauer

Der große Garten meiner Kindheit, im westfälischen Ahlen, hat mich geprägt. Auf meinen langen Reisen in den europäischen Osten habe ich das Thema „Gärten" neu entdeckt. Als Autorin interessiert mich vor allem das Biografische: Welche Rolle spielt der Garten im Leben eines Menschen? Zwei meiner Bücher handeln davon: „Die blinde Gärtnerin. Das Leben der Magdalena Eglin" (Rowohlt 2011) und „Der Akazienkavalier. Von Menschen und Gärten" (Rowohlt 2008). Gerne können Sie mir schreiben: www.ulla-lachauer.de

Meine Lieblingsbücher:

Karel Capek: **Das Jahr des Gärtners** (erstmals 1929 erschienen, Aufbau-Verlag TB, Berlin 2001) Ein Evergreen, praktisch, philosophisch und heiter, mit Zeichnungen von Josef Capek.

Andrea Heistinger/Arche Noah: **Das große Biogarten-Buch** (Verlag Eugen Ulmer, 2013). Handfest und klug, ich kenne kein besseres.

Zbigniew Herbert: **Der Tulpen bitterer Duft** (Insel-Verlag, Leipzig 2001). Die Geschichte der Tulpe, brillant geschrieben, mit farbigen Abbildungen.

Kej Hielscher/ Renate Hücking: **Pflanzenjäger. In fernen Welten auf der Suche nach dem Paradies** (Piper Verlag, München 2007). Spannend für Gärtner, die wissen möchten, woher die Exoten kommen.

Andreas Maier/ Christine Büchner: **Bullau. Versuch über die Natur** (Heinrich und Hahn, Frankfurt 2006). Zwei Neulinge entdecken die Natur, Sinnenfreude und Sehnsucht.

Winfried Pielow: Verschenktes Land (mv-Verlag, Münster 2012). Ein wunderbarer Roman über einen Landschaftsgärtner und Buchsbaum-scherer namens Franz Roderich.

Sabine Schulze (Hrsg.): Gärten. Ordnung – Inspiration – Glück (Hatje Cantz, Ostfildern 2006, nur noch antiquarisch zu kaufen), Katalog zur großen Gartenausstellung im Frankfurter Städel-Museum. Gemalte Blumen und Gärten, wunderschön.

Sempé für Gartenfreunde (Diogenes, Zürich 2006). Hinreißend komisch und anrührend, immer ein schönes Geschenk.

Dank

Herzlichen Dank Agnes Sester für ihr Vertrauen und ihre Geduld, Maria Harter-Sester und ihrem Mann Ernst Harter für ihre Gast-freundschaft und ihre gute Unterstützung. Barbara Sesters Vorar-beiten zur Familiengeschichte haben mir sehr geholfen, sie hat die wörtliche Rede ins Alemannische übertragen. Familie Weiland sei Dank für die Super 8-Filme, Jürgen Schäfer und Familie Müller-Graf für ihre Geschichten und Herbert Gruber für fachliche Details zum Kirschen-Anbau.

Kontakt: Agnes Sester und den Sesterhof erreichen Sie über: www.sesterhof.de

Bildnachweis

Alle Fotos von Bigi Möhrle, ausgenommen die folgenden:
Stephanie Schweigert: vordere Umschlagklappe oben
Lachauer, Ulla: Seite 28 re., 51 li., 103, 127, 137, 146, 147 li., 151,
Privat: Seite 11, 14, 16, 19, 29, 33 u., 36, 39, 48 re., 54, 57, 62, 64, 65,
69, 81, 84, 85 re., 99, 115, 120, 121 u., 131 re., 147 re., 149 (beide)

Die Grafiken im Inhaltsverzeichnis stammen von lynea-fotolia.com.
Die Grafiken der Seiten 17, 22, 40, 60, 74, 90, 126 und 146 stammen
von casejustin-fotolia.com.

Impressum

Die in diesem Buch enthaltenen Empfehlungen und Angaben sind
vom Autor mit größter Sorgfalt zusammengestellt und geprüft wor-
den. Eine Garantie für die Richtigkeit der Angaben kann aber nicht
gegeben werden. Autor und Verlag übernehmen keinerlei Haftung
für Schäden und Unfälle.

Bibliografische Information der Deutschen Nationalbibliothek
Die Deutsche Nationalbibliothek verzeichnet diese Publikation in der
Deutschen Nationalbibliografie; detaillierte bibliografische Daten sind
im Internet über http://dnb.d-nb.de abrufbar.

© 2014 Eugen Ulmer KG
Wollgrasweg 41, 70599 Stuttgart (Hohenheim)
E-Mail: info@ulmer.de
Internet: www.ulmer.de
Lektorat: Christine Weidenweber, Doris Kowalzik
Umschlagentwurf, Innenlayout und DTP: red.sign, Stuttgart
Druck und Bindung: Firmengruppe APPL, aprinta Druck, Wemding
Printed in Germany

ISBN 978-3-8001-8259-6

Hier können Sie weiterlesen:

- 13 Landfrauen von Flensburg bis Kärnten im Porträt
- Ein dickes Paket Landlust, liebevoll ausgestattet und mit tollen Fotos
- Inspirationen für den Garten und die eigene Küche

Britta Freith hat 13 Landfrauen besucht, die sich und ihre Familien mit Leckereien aus dem eigenen Garten verwöhnen. Sie hat ihr Leben kennen gelernt, hilfreiche Tricks aus dem Obst- und Gemüsegarten genauso aufgesaugt, wie Familienrezepte von Buttermilchsuppe bis Beinwellsalbe. Entstanden ist daraus ein dickes Paket Landlust, unterstützt durch Fotos mit Liebe zum Detail. Authentisch erzählt, ist dieses Buch nicht nur ein Gartenbuch zum Thema Selbstversorgen, sondern bietet jede Menge faszinierende Geschichten zum Schmökern und Nachmachen rund ums Landleben und die Landwirtschaft.

Hinterm Stall die Blumen. Landfrauen und ihre Gärten. Britta Freith. 2013. 192 Seiten, 225 Farbfotos, geb. mit SU. ISBN 978-3-8001-7894-0.

Ganz nah dran.

Feuer und Flamme fürs Backhaus

- Liebevolle Impressionen wiederbelebter Backhäuschen

- Über 110 Rezepte für Brot, Fleisch, Gemüse und Kuchen

- Handfeste Anleitungen zur Vorbereitung eines Backtages und zum richtigen Einheizen

- Jede Menge Ideen und Tipps zu unterschiedlichsten Festen und Feiern

Gundi Dellwig und Verena Mendrina sind entflammt – von der Leidenschaft zum eigenen kleinen Backhäuschen im Garten. Voller Begeisterung backen sie duftendes Holzofenbrot, krossen Kräuterbraten, saftigen Pflaumenkuchen, gedörrte Apfelringe und viele andere Leckereien. Dieses Buch entfacht die Glut für das Backen im Holzbackofen und lässt so die gute alte Backtradition in der Gemeinschaft wieder aufleben.

Heute ist Backtag. Rezepte, Feste und Geschichten rund um den Holzbackofen. Hildegund Dellwig, Verena Mendrina. 2014. 192 Seiten, 143 Farbfotos, geb. ISBN 978-3-8001-7994-7.

Ulmer www.ulmer.de